따라만해도 기본은 되는

현실 인테리어 10가지 법칙

따라만해도 기본은 되는

현실 인테리어 10가지 법칙

다키모토 마나미 지음
박승희 옮김

즐거운상상

Q

지금 당신의 집에 만족하세요?

How is your House?

집에 있는 시간이 길어지면서 요즘 들어
괜히 집 안의 물건들이 신경에 거슬립니다.

테이블 위에 잡다하게 쌓여 있는 서류와 광고지
생필품이 되어버린 마스크 상자
널려 있는 장난감들과
벗은 채 내버려 둔 잠옷
게다가 계속 늘어난 여러 가지 비축품들!

당분간 손님도 오지 않을 테니
'뭐, 어때'라는 생각도 듭니다.

집이 깔끔하지 않으면 왠지 기분도 우울해지고,
가족이 어질러놓은 물건을 끝도 없이 치워야 하는
번거로움에서 벗어나고 싶다는 생각이 듭니다.

사실은
좋아하는 소품으로 센스 있게 장식하고
가족 사진도 멋있게 디스플레이하고
집다운 집에서 편안하게 즐기며 살고 싶습니다.

하지만 정리 안된 우리집이 달라질 수 있을까요?
어디서부터 손을 대야 할까요?

그런 고민이 있다면?

인테리어 감각에 자신이 없어도
돈을 쓰지 않아도
귀차니즘에 빠져 있어도
아이가 있어도
당신이 편안하게 지낼 수 있는 집 만들기.
가르쳐드리겠습니다.

따라만해도 기본은 되는
현실 인테리어 10가지 법칙

시작하며

어떤 집이든 멋지게 바꿀 수 있습니다

조용히 눈을 감고 '당신이 생각하는 멋진 집'을 한 번 떠올려보세요. 그리고 그 집에서 사는 데 필요한 것을 구체적으로 이야기해보세요. 어떻게 답하시겠어요?

'편안한 느낌', '여유롭고 넓은 공간', '좋아하는 물건으로 둘러싸인 삶' 등 '멋진 집'에 관해서라면 각자 다양한 키워드가 떠오를 것입니다. 하지만 그곳에서 사는 데 필요한 것을 즉답하는 건 조금 어려운 문제일 수 있지요.

그런 집을 만들고 싶다는 막연한 꿈은 있지만 집안일, 직장일, 자녀 양육, 간병 등 해야 할 일이 넘쳐나는 일상 속에서 생각할 여유가 없기 때문입니다. 매일 뭔가에 쫓기는 일상 속에서 집 문제는 후순위로 밀려나기 십상입니다. 이상적으로 생각하는 집을 행동으로 옮겨 만든다는 것도 매우 어려운 일이지요.

그럼에도 불구하고 집은 인생의 절반 이상을 보내는 공간입니다. 점점 집에 있는 시간이 늘면서 우리의 몸과 마음을 치유해주는 중요한 장소로 집의 가치가 새삼 재조명되고 있습니다.

동시에 '좋아하는 것들로 가득한 멋지고 즐거운 삶을 살고 싶다', '집에서 편하게 힐링하고 싶다'고 생각하는 사람도 늘고 있습니다.

시간을 거슬러 올라가 저의 인테리어 역사를 이야기해드릴게요. 저는 가족과 함께 신축 임대 아파트에 살았습니다. 입주 시에는 아주 쾌적했지만 가족 모두가 정리에 서툴렀던 터라 얼마 지나지 않아 집은 물건으로 넘쳐나기 시작했어요. 수납장 문을 열면 안에 마구 쌓여 있던 물건들이 쏟아져 나오는 일도 다반사였지요. 하지만 다시 그것들을 안에 쑤셔 넣고 필요한 물건만 그때그때 찾아 쓰곤 했습니다.

당시에는 이런 불편과 어질러진 집에 그다지 신경 쓰지 않았고 '사는 건 원래 그런 것', 그것이 정상이라는 생각으로 살았습니다. 하지만 어떤 사건을 계기로 집에 대한 생각을 완전히 바꾸게 되었어요.

중학교 친구 집에 놀러갔을 때였어요. 우리 집보다 훨씬 오래되고 작은 집이었지만 정리정돈이 잘 되어 있었고, 쾌적하고 아늑해서 실제보다 넓어 보이는 집이었어요.

친구의 집은 언제나 잘 정돈되어 있어서 필요한 물건을 재빨리 찾을 수 있었고 꺼내 쓴 물건은 거짓말처럼 정리가 되더라고요. 그 모습에 충격을 받아 부럽기도 하고 강한 매력을 느꼈던 그때의 기분이 지금도 기억에 생생합니다.

"새집인지 오래된 집인지. 좁은지 넓은지의 문제가 아니다. 멋진 집을 만드는 것은 생활 방식에 달려 있다."

그때의 교훈이 지금의 저를 만든 근본이자 기준입니다.

건축물로써 아름다운 집, 고급 가구와 최신 인테리어가 코디된 집처럼 누가 봐도 부러울 정도로 아름다운 집은 정지 화면 상태로는 두말할 것 없이 최고로 멋있지요. 하지만 그곳에는 '생활'이 없습니다.

우리에게는 그곳에 '살고 있다'는 현실이 있지요. 물건으로 어질러져 있거나 깔끔하게 정리하기 어렵다면 그 곳은 멋과는 거리가 멀어집니다. 결국 그곳에서 어떻게 생활하느냐에 따라 달라지는 것이지요.

친구 집에서 충격을 받은 후 집에 대해 생각하기 시작했고 '나도 그렇게 살고 싶다'는 강렬한 마음을 갖게 되었습니다. 이후 35년간 나름의 방식대로 집 인테리어와 수납을 하고 있습니다. 이 책에서는 실제 체험담은 물론이고, 인테리어 제안과 수납 서비스를 통해 시도해 본 것, 그동안 알게 된 지식 등을 총동원해 아무리 바빠도, 돈을 쓰지 않아도, 어떤 집이든 쉽게 멋진 집으로 만드는 법을 소개하려고 합니다.

지금 당장 멋진 집으로 바꾸는 가장 빠른 길은 '살고 있다'는 현실을 잊지 않고 살고 있는 집의 매력을 최대한 활용하는 것입니다.

"오래된 집이라 틀렸어, 좁아서 어차피 안 돼, 임대한 집이니까, 직장 때문에 잠깐 사는 곳이니까, 아이가 있어서, 바빠서…… 멋진 집은 아무래도 무리야!"라고 단념하기 전에 부디 이 책에서 이상적인 생활과 멋진 집을 만드는 '힌트'를 발견할 수 있기를 바랍니다.

다키모토 마나미

Contents

Chapter 1

멋진 집을 만드는 10가지 인테리어 법칙

Chapter 2

따라만 하면 OK! 구역별 10가지 인테리어 법칙

Chapter 3

세련되어 보이는 '조금 더하기'의 기술

Chapter 4

이럴 때 어떻게 하면 좋을까? 모두의 Q&A

Introduction

우선
현재의 자신을 알라

'편안한 집'의 정의는 사는 사람의
라이프 스테이지(Life stage, 생애 단계)에 따라 달라집니다.
나를 둘러싼 환경과 실제의 생활에 주목해
인테리어 방향을 생각해 보세요.

주거와 라이프 스테이지의 관계성을 찾는다

이 책에서 소개하는 인테리어 법칙은 좁든 넓든, 아파트든 단독주택이든, 어떤 집이든 적용할 수 있습니다. 하지만 당신이 진정한 의미의 '편안한 집'을 만들겠다는 목표가 있다면 '지금 자신이 어느 라이프 스테이지에 있는지'를 생각해봐야 합니다.

예컨대 대부분의 1인 가구와 다인 가구는 사는 집의 넓이와 방의 구조가 다릅니다. 1인용의 좁은 공간이라면 그에 걸맞은 크기의 가구가 필요할 것이고, 가족용의 넓은 단독주택이라면 청소의 편의성도 고민해야 할 것입니다.

또한 자녀가 있는지 없는지에 따라서도 집의 형태가 크게 달라져요. 자녀가 있으면 많은 수납 공간이 필요하고 아이방에 대해서도 고민해야 합니다. 부모와 자녀가 즐겁게 소통할 수 있는 아늑한 거실도 분명 필요하지요.

나이는 어떨까요? 젊은 커플이 사는 집과 노년 부부가 사는 집은 인테리어 취향이 다르기 마련입니다. 남남이던 사람이 집을 함께 쓰며 즐거움과 어려움을 배우는 것이 젊은 커플이 사는 재미라면 나이가 지긋한 부부는 오래된 물건을 정리하면서 이상적인 마지막 거처를 정돈하

길 원할 것입니다.

말할 것도 없이, 라이프 스타일에 따라서도 편안한 집을 만드는 법은 천차만별입니다. 집에서 일하는 시간이 많다면 온라인과 오프라인의 변화에 잘 적응할 수 있는 레이아웃으로 만들어야겠지요. '인생은 취미 생활!'이라고 생각하는 사람이라면 취미방을 확보해도 좋을 것입니다.

이처럼 집의 형태는 생활 방식이나 라이프 스테이지에 따라 크게 변합니다. 여기서는 라이프 스테이지를 크게 5개로 분류하여 각각의 주거 경향을 정리했습니다. 인테리어의 법칙을 익히기 전에 당신이 지금 어느 단계에 있는지 확인해보세요.

그리고 각각의 인테리어 경향을 파악해 쾌적한 집으로 만들 수 있는 힌트를 찾기 바랍니다.

Life Stage

A

거리낄 것 없는 자유로운 싱글 라이프

☑ **인테리어를 자신의 취향에 따라 자유롭게 바꾼다!**

☑ **콤팩트한 평면이라면 경우에 따라서는 걸림돌**

혼자 사는 것의 매력은 뭐니뭐니해도 인테리어를 자유롭게 즐길 수 있다는 점이겠지요. 자기만의 거주 공간이므로 누구의 눈치도 보지 않고 좋아하는 소품이나 가구를 사서 마음껏 꾸밀 수 있습니다.

그런 만큼 실수도 따르기 마련입니다. 제한이 없으니 취향이 산만해지기 쉽고 가구나 소품이 뒤죽박죽인 인상을 주는 경우도 종종 있습니다.

또한 원룸형의 작은 방이라면 물건을 둘 곳이 부족하거나 가구를 배치하기 어렵다는 단점이 있습니다. 하지만 시행착오를 반복해도 상관없고, 실패해도 바로 만회할 수 있다는 것도 싱글 라이프의 장점입니다.

언젠가 누군가와 함께 살 때를 위한 연습이라고 생각하고 다양하게 도전해 보는 것도 좋습니다.

Life Stage

B

이상을 펼칠 수 있는 2인 가구

☑ **단둘이라 더 커지는 인테리어의 즐거움**

☑ **상대방과 취향이 다른 것이 고민**

부부나 동거 커플 같은 2인 가구라면 일반적으로 혼자 살 때보다는 넓은 집에 사는 경우가 많습니다. 그만큼 가구나 레이아웃의 선택지가 늘어나 인테리어를 좀 더 폭넓게 즐길 수 있습니다.

반면에 상대방과 취향이 맞지 않으면 조금 힘들어집니다. 인테리어 취향은 물론이고 자라온 환경에 따라 좋아하는 가구의 배치나 수납 장소가 다르기 때문입니다.

두 사람이 기분좋게 지내기 위해 진지하게 서로 맞춰보는 것이 중요합니다. 아이가 생기고 가족이 늘어난 후에는 그런 시간을 갖기 어려워져요. 취향을 맞추기 힘들더라도 포기하지 말고 타협점을 찾아보세요. 집에 대해 의논하다 보면 서로에 대해 더 잘 알게 되는 기회가 되기도 하니까요.

Life Stage

C

어린 자녀가 있는 가족의 생활

☑ **도무지 정리가 안 된다! 인테리어에 신경 쓸 수 없다**

☑ **멋보다 생활의 편의를 우선한다**

자녀가 생기면 주거 환경이 완전히 달라집니다. 기저귀와 유아차 같은 물건이 늘어나면서 수납할 공간도 새로 필요합니다. 무엇보다 라이프 스타일이 크게 변해 가사와 육아에 쫓기다보면 하루하루가 빠르게 지나갑니다.

치워도 치워도 10분 후면 또 어질러지지요. 그런 상태를 반복하면서 마음속에 그리던 이상적인 집과는 거리가 멀어질 수도 있습니다.

하지만 이 시기는 '무리하지 않는 것'이 가장 중요합니다. 특히 아기와의 새로운 생활은 생활 리듬에 익숙해지는 것이 최우선이지요.

추구하는 인테리어의 기준을 낮추고 '어질러져 있는 것이 정상'이라고 마음 편하게 생각하기를 권합니다. 무리하지 말고 여유가 생기면 그때 인테리어를 즐겨보세요.

Life Stage

D

성장기 자녀와 함께 사는 가족의 생활

☑ **물건이 늘어나 방이 정리되지 않는다**

☑ **아이방 인테리어를 어떻게 할까?**

아이의 성장과 함께 생기는 가장 큰 문제는 '물건이 너무 많이 늘어난다는 것'입니다. 아이의 옷이나 장난감, 학교 교재, 욕실에 두는 소모품 등 물건이 폭발적으로 늘어나서 고민스럽지요.

각각의 수납 장소를 확보하고 어질러지지 않도록 '어디에 무엇이 있는지'를 가족과 확실하게 공유하는 것이 중요합니다.

아이방 인테리어는 어떻게 해야 할까요? 이 또한 이 시기의 새로운 고민이자 즐거움입니다. 아이의 취향이 확립되면 이상적인 아이방에 대해 자녀와 이야기를 나누는 것도 즐거운 추억이 되겠지요.

기본적으로는 아이의 취향을 존중해야겠지만 '전부 검은 게 좋아!'라고 한다면 기분이 가라앉기 쉬운 방이 될 수도 있습니다.

아이의 의견에 귀를 기울이면서 마음도 몸도 건강하게 자랄 수 있는 인테리어로 이끌어주세요.

Life Stage

E

남는 방을 허투루 쓰지 않는 시니어 부부의 생활

☑ **일시적으로 물건이 줄어들지만 방심하면 금세 늘어난다**

☑ **공간에 의미를 부여하는 것이 중요함을 알게 된다**

자녀가 독립해 떠나면 다시 부부 둘만의 생활이 시작됩니다. 일시적으로 물건이 줄어 집이 깨끗해 보이겠지만 방심은 금물. 해를 거듭할수록 체력 저하와 함께 물건을 쌓아두는 문제가 발생합니다.

낡은 가구나 잡화, 추억의 물건, 부모님의 유품 등으로 방이 어느새 창고화하는 경향이 있습니다. 그런 방식은 추천하고 싶지 않습니다.

독립한 자녀들이 쓰던 방은 손자가 놀러 왔을 때 쓸 '손자방'으로 만들거나 '취미방'으로 만드는 등 공간에 의미를 부여해보세요. 그러면서 조금씩 불필요한 물건을 정리하는 습관을 들여보세요.

편안한 집을 만들기 위해, 그리고 다음 세대에게 부담을 주지 않기 위해 중요한 일입니다.

나의 기준에 맞춰 인테리어를 즐긴다

이상적인 집을 만들기 위해서는 자신의 라이프 스테이지를 고려해야 합니다. 동시에 자신의 시간과 노력을 집에 얼마나 투자할 수 있는지 생각해 보는 것도 매우 중요하지요.

인플루언서의 SNS에는 센스 있는 가구나 소품에 둘러싸인 집과 집안일을 완벽하게 해내는 멋진 일상의 모습이 매일 같이 올라옵니다. 이들에게는 그럴 수 있는 시간과 노력이 있기 때문이지요.

당신이 만약 워킹맘이어서 집안일에다 육아까지 하고 있다면 항상 완벽하게 정돈된 집을 유지하기는 어려울 것입니다. 또한 그럴 필요도 없어요. 인테리어는 자기 기준에 맞춰 즐기는 것이기 때문입니다.

물론 이상적인 집의 이미지를 갖는 것은 중요합니다. 햇살 가득한 방에 가볍게 흔들리는 레이스 커튼. 철따라 다른 꽃으로 장식한 꽃병, 좋아하는 소파에 놓은 트렌디한 신상 쿠션들.

그 이미지를 내일 당장 모두 실현하려 들지 말고 자신의 방식대로 조금씩 접근해 가면 됩니다. 오랜 시간을 들여 집의 소소한 변화를 즐기다 보면 일상의 시간이 풍요로워집니다.

제가 자주 실천하는 방법은 인테리어를 가시화하는 것입니다. 소품을 새로 꾸미거나 가구 배치를 바꾸면 사진을 찍어 프레임 너머로 봅니다.

'사진으로 봐도 멋있다!', '생각했던 이미지랑 조금 다른 것 같은데……?'. 그런 식으로 집을 객관적으로 바라보면 가끔 새로운 발견도 하게 되지요. 사진을 스스로 즐기는 것은 물론이고, 가족이나 친구와 공유하거나 인테리어 앱에도 올려보세요.

인테리어는 자기 기준에 맞춰 즐기는 것입니다.

즐겁게 살기 위해 필요한 인테리어가 '매일 깨끗하게 유지하려니 힘들다', '저 사람에 비해 센스가 없다'는 등 부정적인 감정을 일으키는 원인이 된다면 주객이 전도된 것 아닐까요?

자신의 라이프 스타일과 균형을 맞추면서 무리 없는 선에서 이상적인 집을 추구해 보세요.

Chapter 1

멋진 집을 만들기 위한 10가지 인테리어 법칙

누구나 쉽게 실천할 수 있는
10가지 인테리어 법칙을 알려드립니다.
이 법칙만 알고 있으면 집의 인상이 확 달라질 것입니다.

법칙 1

인테리어의 시작은 바닥과 창호의 컬러 체크!

인테리어에서 가장 중요한 것은 바닥과 창호

바닥과 창호의 색에 따라 공간의 이미지가 80~90% 결정된다

바닥과 창호(문이나 창을 통틀어 이르는 말)의 색이나 소재는 인테리어의 가장 중요한 요소입니다. 인테리어에 전혀 손대지 않는다면 그 공간의 이미지를 80~90% 좌우한다고도 할 수 있습니다.

그렇다고 너무 어렵게 생각할 필요는 없습니다. 우선 바닥과 창호 색을 살펴보세요. 같은 소재의 바닥이라도 베이지, 브라운, 흰색, 그레이 등 다양한 색이 있을 것입니다. 그것과 가구의 분위기가 맞는지 체크해 보세요.

이때 '바닥이 브라운이니까 가구도 브라운'으로 통일할 필요는 없습니다. 모두 브라운으로 맞추면 통일감은 생기겠지만 오히려 약간 답답한 느낌을 줄 수도 있거든요. 예를 들어 바닥이 차분한 브라운이라면 가구는 벽과 어울리는 밝은 색을 골라 가볍게 표현하는 것도 좋습니다.

새하얀 플로어링 바닥이라면 분위기를 부드럽게 만들기 위해 목재 가구를 선택해도 좋지요. 그때 가구를 창호의 색과 맞추면 통일감이 생깁니다.

이처럼 공간 인테리어 첫 단계에서 바닥과 창호의 색이나 소재를 조금만 의식한다면 어떤 가구가 어울리는지 그 힌트를 찾을 수 있어요. 주의할 것은 앞서 말한 '심플한 미닫이 문 × 장식이 많은 가구'처럼 취향이 지나치게 동떨어진 조합은 금물이라는 점. 다른 취향을 센스 있게 아우르는 방법도 물론 있지만 그것은 고급 스킬에 해당됩니다.

또한 바닥과 창호의 분위기에 맞춰 어울리는 인테리어 장르를 찾을 수 있어요. 인테리어 장르에 대해서는 29쪽의 표를 참조하세요. 다양한 스타일이 있지만, 여기서는 요즘 인기 있는 것들만 골라 소개했습니다.

'카페풍의 거실이 꿈'이라거나 '북유럽이나 내추럴 인테리어로 꾸미고 싶다!' 등 구체적으로 원하는 장르가 있다면 그것이 바닥이나 창호와 어울리는지 상상해보세요.

예컨대 바닥이나 창호가 짙은 색일 경우 잘 어울리는 장르는 인더스트리얼, 호텔라이크, 심플 모던, 미드 센추리 등입니다. 차분한 분위기의 공간에는 빈티지하고 고급스러운 디자인의 가구가 잘 어울립니다.

바닥과 창호가 연한 색이라면 스칸디나비안, 내추럴 등 비교적 심플한 장르가 좋습니다. 유행하는 내추럴 인테리어나 보헤미안 스타일, 쉐비 시크(낡고 바랜 느낌의 취향)한 분위기도 밝은 공간에 어울립니다.

미닫이문이 설치된 방이라면 모던풍으로 바닥과 창호의 분위기를 살려보세요. 난이도가 조금 높지만 빈티지나 앤티크를 도입한 믹스 스타일도 추천합니다.

다만 이것들은 어디까지나 참고만 하세요. '타일 바닥이라서 내추럴 스타일은 무리다!' 따위의 일은 없을 테니 안심해도 좋습니다. 바닥이나 창호가 원하는 장르와 달라 신경이 쓰인다면 소품으로 얼마든지 만회할 수 있거든요. 커다란 러그나 쿠션 플로어(시트 모양의 바닥재)를 바닥에 깔아 공간의 인상을 완전히 바꿔보는 것도 재미있습니다.

먼저 우리집의 바닥과 창호를 이용해 이상적인 공간의 이미지를 그려보세요.

인기 있는 주요 인테리어 장르와 특징

장르	이미지	이미지 컬러	잘 어울리는 소재와 아이템	특징·방 꾸미기 요령
스칸디 나비안	모던 / 심플 내추럴 / 쾌적 편안한 / 힐링 포근한	• 어스 컬러	원목 / 곡목(曲木) / 포스터 / 캔들 / 패브릭 / 난로 / 드라이 트리 / 관엽식물	명도가 높은 목재 가구와 부드러운 어스 컬러로 정리한다. 자연광이 들어오는 밝은 방으로 만든다. 자연 소재와 곡선을 많이 넣고 추상적인 포스터로 장식하는 것도 좋다.
인더스 트리얼	투박한 / 빈티지 / 공업적 / 멋짐	• 검정 • 실버 • 브라운	철재 / 벽돌 / 콘크리트 / 고재 / 스틸 / 가죽 / 러스틱(rustic)한 물건(고재의 재활용, 거칠고 빈티지한 느낌의 소박한 목재) / 파레트(pallet:화물 받침대)	무기질적이고 공업적인 요소를 갖춘 인테리어로, 카페 인테리어로도 인기가 높다. 꾸미지 않은 투박하고 공업적인 가구나 조명을 사용해 쿨하게 정리하는 것이 요령. 광택이 있는 것보다는 매트하게 마감된 것을 추천.
내추럴 보헤미안 쉐비 시크 포함	자연 / 부드러운 / 담백한 사랑스러운	• 흰색 • 베이지 • 어스 컬러	패브릭 / 드라이플라워 / 바스켓 / 라탄 / 유목(流木) / 캔들 / 화병 / 포스터 / 맨틀피스(벽난로 장식)	흰색을 베이스로 명도가 높은 베이지 컬러 등 어스 컬러로 정리한다. 드라이플라워, 캔들, 라탄 가구나 화병, 트레이 등 자연 소재의 소품을 이용해 부드러운 이미지를 연출한다.
호텔라이크 어반 모던 모노톤 심플 모던	스타일리시 고급스러움 심플 / 시크	• 모노톤 • 골드 • 시크한 컬러	대리석 / 놋쇠 / 메탈릭 / 디자인이 예쁜 테이블 조명&플로어 라이트 / 거울 / 관엽식물 / 간접조명	생활감이 없는 고급 호텔 같은 인테리어. 모노톤과 어스 컬러를 사용하며, 쾌적한 소파와 리넨 침구가 특징. 가구를 대칭적으로 배치해 비일상감을 연출하는 것이 포인트.
미드센추리	레트로 / 팝 빈티지	• 브라운 • 컬러풀	디자이너스 가구 / 악센트 월 / 썬버스트 디자인의 시계 / 빈티지 느낌의 테이블 조명 / 월 데코 / FRP / 플라이우드(ply wood)	1940~1960년대 디자인 가구와 빈티지 가구를 사용해 질감과 세월의 변화를 즐기는 인테리어. 악센트 월과 가구에 컬러를 넣는 경우가 많다. 차분한 색 가구에 악센트 컬러를 포인트로. 꾸밈이 지나치지 않도록 주의할 것.

★ 어스 컬러 : 흙, 바위, 모래를 연상시키는 색. 브라운 계열이 중심이 된다.

법칙 2

공간의 컬러는 3~4가지 색으로 제한한다

'흰색'과 '브라운'이 기본 나머지 두 컬러는 '자연계에 있는 색'을 넣는다

인테리어에서 색은 공간의 인상을 결정짓는 중요한 요소 중 하나입니다. 옷의 색깔에 따라 사람의 인상이 크게 달라지는 것과 같은 이치죠. '공간이 지저분해서 어수선하다'거나 '어딘가 밋밋하고 세련되지 않다'는 고민을 해결하려면 컬러 선택이 관건입니다.

먼저 지금 당신이 있는 공간에 몇 가지 색을 사용했는지 확인해보세요. 가구는 물론, 바닥과 벽의 색깔도 세어보세요. 브라운과 베이지 등 같은 계열의 색상은 한 가지로 쳐도 좋습니다. 소품과 잡지, 장식해 놓은 꽃의 색깔 등을 포함하면 예상했던 것보다 색의 수가 많다는 것을 알게 될 것입니다.

기본적으로 공간의 컬러는 3~4가지 색으로 제한할 것.

그 이상 있으면 컬러 밸런스의 고급 기술이 없는 한, 잡다한 느낌을 주게 됩니다. '3~4가지 색으로 줄이라니 너무 적다!'고 느껴진다면 잡지나 소품류를 바구니와 랙에 수납해 보세요. 색의 수를 줄일 수 있을 뿐 아니라 어질러지는 것을 방지하는 데도 도움이 됩니다.

제한한 색상을 잘 살펴보면 대부분 벽의 '흰색'이나 가구의 '브라운'이 포함되어 있을 것입니다. 그러면 남은 2가지 컬러는 무슨 색으로 해야 할까요?

추천하고 싶은 색은 바다나 산을 연상시키는 '자연계에 있는 색'입니다. 관엽식물을 두어 '녹색'을 더하는 것도 좋아요.

관엽식물만 있어도 왠지 방이 멋있어지는 경험을 여러분도 이미 해봤을 것입니다. 자리를 별로 차지하지 않으므로 디스플레이하기 쉬워서 놓아두기만 해도 멋진 인테리어가 되지요. 실내에서 식물을 기르는 기쁨도 맛볼 수 있습니다.

컬러 선택이 망설여진다면 우선은 관엽식물을 놓아보세요. 어떤 종류가 좋은지는 P112에 설명해두었습니다.

자연의 녹색은 공간을 세련되게 만들 뿐만 아니라 마음을 치유하는 장점도 있지요. 그런 의미에서 자연이 연상되는 '카키'나 '베이지', '브라운' 등의 어스 컬러도 추천합니다. 어떤 곳에나 잘 어울리고 일상을 부드럽게 꾸며주거든요.

원색 컬러는 포인트로 활용 투명 아이템은 자유롭게 마음껏

빨강과 핑크, 노랑 등 원색의 선명한 컬러를 좋아한다면 포인트로 작은 공간에 넣는 것이 무난합니다. 큰 가구나 커튼의 색이 강하면 싫증났을 때 문제가 생기거든요! 그와 관련해서는 다음의 '법칙 3'에서 자세히 설명해드리겠습니다.

컬러풀한 색을 메인에 두고 싶다면 그레이시 컬러를 추천합니다.

그레이시 블루와 그레이시 핑크 등 약간 스모키하고 회색을 띠는 색상은 브라운 계열의 어스 컬러와 마찬가지로 어디든 잘 어울리고 부드러운 느낌을 줍니다. 회색은 단색으로도, 다른 색과 섞어서도 인테리어에 상당히 잘 활용할 수 있는 훌륭한 색입니다.

참고로 투명색은 컬러 수에 포함시키지 않아도 됩니다. 유리 상판 테이블, 투명 꽃병 등 시야를 확보할 수 있어 가벼운 느낌을 주는 투명 아이템은 즐겨 사용해도 좋습니다.

반면 검은색은 사용할 때 약간의 주의가 필요합니다. 검정색은 수축 효과가 있어 인테리어를 정리해주는 장점이 있지만 너무 많아지면 공간이 좁아 보이는 단점도 있습니다. 또한 매일 지내는 거주 공간이기 때문에 심리적으로 우울해질 우려도 있지요.

아래에서 위로 명도 높이기
어두운 색 가구는 바닥과 가까운 위치에

가구에 검정색을 쓰고 싶은 경우에는 TV 받침대나 로 테이블(Low Table)처럼 낮은 위치에 사용할 것을 권합니다. 여기서 색과 위치의 관계성에 대해 이야기해봅시다.

검은 옷을 입으면 날씬해 보이는 효과가 있듯이 어두운 색은 공간을 좁아 보이게 하고 밝은 색은 넓어 보이게 하는 효과가 있습니다. 검정 등 어두운 색을 가구에 도입할 때 바닥과 가까운 위치에 두면 천장이 높아 보이고 안정감 있는 개방적인 공간을 연출할 수 있습니다.

반대로 천장과 가까운 위치에 두면 다소 압박감이 느껴집니다. 침실처럼 묵직하고 차분한 공간을 연출하고 싶은 경우에는 좋을 수도 있습니다.

이 법칙에 따라 인테리어의 색이 아래에서 위로 갈수록 명도가 높아지도록 신경 쓰면 공간에 개방감이 생깁니다. 자주 사용하는 공간일수록 어두운 색은 가능한 바닥과 가까운 위치에 두는 것이 좋습니다.

법칙 3

포인트 컬러 & 트렌드는 소품에 적용한다

기본은 한 가지 색만 쓰기
농담과 색의 효과를 잘 활용하자

앞에서 원색과 같은 포인트 색은 작은 공간에 적용하는 것이 좋다고 설명드렸습니다. 새빨간 소파는 분명 멋있고 세련되지만 쉽게 질리는 것도 사실입니다.

단언컨대 취향은 반드시 바뀝니다.

지금은 마음에 들더라도 5년 후에도 계속 같은 마음일 수 있을까요? 만약 질리게 된다면, 보고 싶지 않은 가구가 자꾸만 눈에 들어와 일상의 스트레스가 되고 당신을 괴롭힐지도 모릅니다.

그런 의미에서도 처분이나 교체가 힘든 큰 가구나 커튼은 베이직 컬러를 선택하는 것이 기본입니다.

Point

색상환에서 포인트 컬러를 정한다

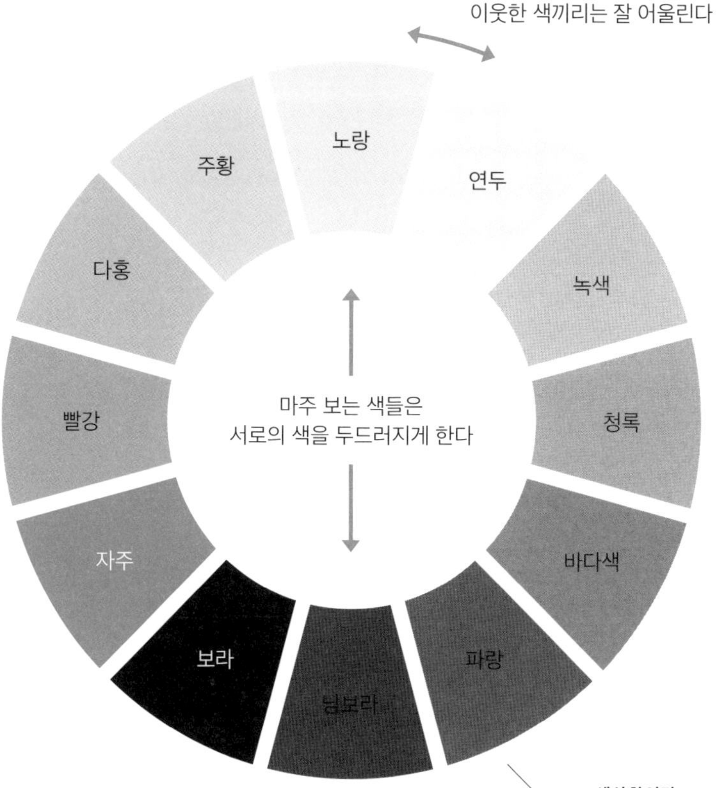

색상환이란

기본적인 색(색상)을 둥글게 배열한 것. 기본이 되는 빨강, 파랑, 노랑에서 나온 색의 변화를 나타낸다.

강렬한 포인트 컬러는 쿠션 같은 소품이나 테이블 조명 같은 작은 가구에 적용할 것을 추천합니다. 최신 트렌드의 디자인 제품을 선택할 때도 언젠가는 낡고 유행에 맞지 않는 시기가 온다는 것을 기억하세요. 꼭 큰 가구에 포인트 컬러를 적용하고 싶다면 커버 등의 패브릭으로 변화를 주거나 렌탈 가구 등 쉽게 교체할 수 있도록 하는 것도 방법입니다.

포인트 컬러를 넣는다면 먼저 한 가지 색부터 시도해보세요. 그 색의 그러데이션을 잘 표현한다면 공간이 훨씬 세련되어 보입니다. 예컨대 소파에 쿠션 3개를 놓는다면 진한 빨강, 연한 빨강, 붉은 빛이 도는 베이지처럼 농담(濃淡)에 변화를 줘 보세요. 같은 계열의 색이라면 '3~4가지 색으로 제한한다'는 법칙에서도 벗어나지 않고 공간에 변화를 줄 수 있습니다.

포인트 컬러를 여러 개 사용하고 싶다면 앞 페이지의 '색상환'을 참고하여 선택해 보세요. 이웃한 색들은 같은 계열의 색이라 서로 잘 어울리고 인테리어에 적용해도 충돌하지 않습니다. 반면에, 마주 보는 색들은 색상 차가 가장 커서 서로의 색을 두드러지게 합니다. 인테리어 고수들이라면 멋있게 활용하겠지만 공간을 심플하게 정리하고 싶은 경우에는 같은 계열의 색상을 추천합니다.

포인트 컬러를 선택할 때 색의 효과를 고려하는 방법도 있습니다. 이를테면 오렌지색은 밝고 따뜻한 공간을 연출하며, 보라색은 숙면과 마음의 진정을 도와줍니다. 각 색상의 특징을 알고 그것을 기준으로 인테리어에 도입해 보는 것도 재미있습니다.

Point

색의 효과를 보고 포인트 컬러를 정한다

빨강
뜨거움, 에너제틱
활기참

오렌지
따뜻함, 명랑함
긍정적인 이미지

노랑
밝음, 기쁨, 원활한
커뮤니케이션

녹색
평온함, 자연스러움
편안함, 안정

파랑
쿨, 성실, 진정, 식욕 저하

보라
개성적, 신비, 감정 치유
숙면, 진정

핑크
귀여움, 친절함, 행복감
심신의 긴장을 풀어준다

흰색
청초, 순수
경쾌하게 보인다

검정
고급스러움, 모던
무거워 보인다
기분을 어둡게 만든다

브라운
온기, 편안함
심신의 휴식, 안정

그레이
고급, 차분함
스타일리시, 대인
스트레스 경감
에너지 저하

망설여질 때는……

'자연계에 있는 색'을
선택하자!
힐링되고 마음이
안정될 것이다.

법칙 4

사각(死角) 수납으로 생활감을 없앤다

물건은 무리하게 '숨기려' 하지 말고 '시선에서 제외'시킨다는 발상으로

이상적인 것은 물건이 가지런하게 정리된 깔끔한 공간. 하지만 무엇이든 다 집어넣으면 막상 사용할 때 꺼내기 번거롭고 내친김에 정리하겠다는 마음이 생기지 않습니다.

'보여주는 수납'은 사용하기엔 편하지만 먼지가 잘 쌓인다는 게 흠입니다. 자신에게 맞는 수납 스타일을 찾는 게 의외로 어렵습니다.

그래서 추천하는 것이 사각(死角) 수납. 평소에 시선이 잘 닿지 않는 위치에 물건을 수납하는 방법입니다.

예컨대 우리 집에서는 거실 중앙에 있는 선반에 청소 도구를 모아 수납하고 있습니다. 이곳은 거실문에서 보이기는 하지만 가까이 가지 않

수납 케이스를 위에서 들여다 보면……
청소 도구와 세제가 가득!

으면 청소 도구를 넣은 수납 케이스 안이 보이지 않도록 되어 있습니다. 게다가 거실과 화장실에서도 가까워 생각났을 때 바로 청소 도구를 꺼낼 수 있다는 점이 포인트. 집어넣기도 편하지요.

또한 현관 안쪽의 작은 공간을 옷장으로 활용하고 있는데 역시 사각 수납입니다. 문을 열면 눈에 들어오는 것은 옷걸이에 걸린 셔츠와 원피스. 제가 가지고 있는 옷은 흰색이나 베이지 등 내추럴 컬러가 대부분이므로 그러데이션이 되도록 걸어놓으면 깔끔해 보입니다.

의외로 많은 사각지대를 수납 공간으로

하지만 더 안쪽으로 들어가 사각지대를 들여다보면 컬러 박스에 가방과 소품 등 상당한 양의 물건이 수납되어 있습니다. 입구에서 보이는 모습과의 확연한 차이에 스스로도 놀랄 정도예요.

이처럼 사각지대를 활용해 물건을 사용하는 장소 근처에 수납하는 것이 사각 수납입니다. 지금 당장 방 안에 사각지대가 있는지 찾아보세요. 데드 스페이스는 물론이고 냉장고 옆면이나 가구와 벽의 틈새, 거실에서 바로 보이지 않는 가구의 반대편 등 후크를 활용해 물건을 수납할 수 있는 장소까지 포함하면 사각지대는 의외로 많습니다.

완벽하게 숨기지 않아도 동선 상에서 눈에 잘 띄지 않는 공간이라면 OK. 되도록이면 사용하는 장소 근처에 수납하는 것이 최고입니다.

사각 수납은 숨기는 수납도 아니고 보여주는 수납도 아닌, 말하자면 '보여주지 않는 수납'입니다. 여러분의 집에 있는 사각지대를 꼭 활용해 보기 바랍니다.

그래도 못 다 치운 것은 인테리어의 일부로 만든다

세제나 화장지 등은 바깥에 꺼내 놓으면 생활감이 느껴질 수밖에 없는 물건이지만 자주 쓰기 때문에 수납하기도 어려운 아이템입니다. 그렇다면 차라리 세련된 병이나 케이스를 이용해 인테리어의 일부로 만들면 어떨까요?

약간의 비용 지출은 있겠지만 계속 사용할 수 있고 꺼내 두어도 생활감을 없앨 수 있으니 가성비 좋은 쇼핑이 아닐까 싶습니다.

본질적인 의미에서 인테리어와 수납에는 경계가 없다고 생각합니다.

세제나 화장지도 보여주는 방식을 달리하면 훌륭한 인테리어가 됩니다. 수많은 수납 용품도 잘 고르면 바깥에 꺼내 놓고 써도 그럴듯해 보이거든요.

수납과 인테리어를 즐길 수 있다면 집안일이 훨씬 더 쉬워지고 기분도 좋아집니다. 사각지대에 수납할 수 없는 물건은 발상을 전환해 '어떻게 하면 세련되게 보여줄까?'를 생각해 보는 것이 좋습니다.

법칙 5

구역을 대략 나누어 '물건이 돌아갈 자리'를 만든다

가족이 함께 쓰는 물건은 의논하여 정하기

사각 수납이든 보여주는 수납이든 기본적으로 자주 사용하는 물건일수록 오픈 수납이 편리합니다.

예컨대 자주 쓰는 물건을 뚜껑이 있는 케이스에 수납할 경우, 매번 '뚜껑을 열어야 한다'는 행동이 의외로 번거롭지요. 또한 뚜껑이 있는 케이스를 쌓아서 보관하면, 꺼내거나 집어넣을 때마다 일일이 케이스를 올리고 내려야 하는 동작이 귀찮아지기 마련입니다.

자주 쓰는 물건일수록 빨리 꺼내고 빨리 넣을 수 있는 심플한 수납 시스템으로 관리하면 좋습니다.

우리가 자주 하는 고민이 '어디에 무엇을 넣어두었는지 모른다!'는 것입니다. 이를 해결하려면 물건의 대략적인 영역을 구분하는 것이 좋습니다.

거실 선반은 문구 코너, 주방 근처는 약병 코너……. 이런 식으로 같은 장르의 물건을 정해진 장소에 모아 보관하면 '어디에 넣었더라?' 하는 상황이 줄어듭니다.

수납 고민을 나누며 서로를 이해하기

우리에게 돌아갈 집이 있듯이 물건에게도 돌아갈 자리를 제대로 확보해 주는 것이지요.

아울러 그것을 가족과 공유하고 습관을 들이는 것이 무엇보다 중요합니다. 여기서 주의할 점은 '여기에 이걸 둘 테니 잘 관리해'라고 어른이 혼자 결정하지 말 것. 반드시 자녀를 포함한 가족 모두가 의논해서 수납 장소를 정하기 바랍니다.

성인에게는 편리한 장소지만 아이에게는 위치가 너무 높을지도 모릅니다. 혹은 키가 큰 가족이 있다면 낮은 공간에 넣고 빼는 게 불편할 수도 있어요.

그런 식으로 가족 각자의 눈높이나 동선은 서로 다릅니다.

"이 장소가 편리할 것 같아."

"문구류가 여기 있으면 기억하기 어려워."

함께 의견을 주고받으며 가족 모두에게 편리한 수납의 형태를 찾아보세요. 그 과정은 서로를 이해할 수 있는 좋은 기회가 되기도 합니다.

수납은 시행과 착오의 반복

'물건이 뒤죽박죽 들어있는 서랍과 선반. 수납 박스를 활용해 정리하고 싶은데 어디서부터 손을 대야 할까?'

그런 고민을 하는 분들께. 여기서는 인테리어 법칙과 직접적인 관련은 없지만 수납을 정비할 때 해야 할 간단한 절차를 설명해드릴게요.

① 물건을 전부 꺼내서 그룹으로 나눈다

서랍 등에 가득 들어있는 물건을 일단 모두 꺼내보세요. 그리고 '자주 쓰는 물건', '잘 안 쓰는 물건', '어쩌면 계속 쓰지 않을 물건'으로 대충 그룹을 나눕니다.

② 선반에 수납 케이스를 놓고 자주 쓰는 물건부터 넣는다

가지고 있는 수납 케이스 여러 개를 선반에 나열해 공간을 나누고, 가장 꺼내기 쉬운 장소에 자주 쓰는 물건부터 순서대로 넣어보세요.

이때 넣고 빼는 동작을 해보고 '꺼내기 쉬운지', '걸리거나 무너지지 않는지' 확인하세요. 꺼내기 어렵다고 느껴지면 수납 케이스의 위치를 바꾸는 등의 시행과 착오를 반복해야 합니다.

③ 잘 안 쓰는 물건, 계속 쓰지 않을 물건을 넣는다

꺼내기 어려운 위치에는 잘 쓰지 않는 물건을 넣어보세요. 공간에 여유가 있으면 '계속 쓰지 않을 물건'도 수납합니다. 다만 앞으로 늘어날 물건을 위해 반드시 여유 공간을 남겨 두어야 합니다.

④ 넣고 빼는 동작에 문제가 없는지 최종 체크

넣고 빼는 동작을 최종적으로 체크해 문제가 없으면 끝. 다 들어가지 않는 물건은 처분할지, 재활용할지, 다른 공간에 보관할지 검토합니다.

수납을 고민하는 분과 이야기하다 보면 한 번 실패했다고 포기해 버리는 경우가 많습니다. 단언컨대 수납은 한 번에 완성되지 않습니다. 장소를 바꾸거나 넣는 방법을 바꾸는 등 시행과 착오를 반복해야 비로소 이상적인 스타일을 찾을 수 있는 법이지요.

실제로 저도 숨기는 수납, 보여주는 수납, 사각 수납(보여주지 않는 수납) 등 여러 가지 수납을 전전해왔어요.(웃음)

수납이 잘 안 되더라도 우울해하지 말고 포기하지 마세요!

법칙 6

세련된 소품 장식을 위한 세 가지 법칙

법칙만 알면 가게처럼 디스플레이할 수 있다

소품 하나 하나는 귀여운데 선반에 놓고 보면 그저 그렇다는 느낌을 받은 적이 있나요? 그럴때 아, 나는 인테리어 센스가 떨어지나? 자책하게 되기도 합니다. 그러나 이것은 센스의 문제가 아닙니다. 아무렇게나 놓여 있는 것처럼 보여도 물건을 장식하는 방법에는 법칙이 있습니다.

그것만 잘 알면 센스가 없어도 멋진 디스플레이 완성! 소품을 세련되게 장식하는 3가지 법칙을 소개합니다.

우선 장식할 아이템을 3개로 제한해 시작하세요. 하나는 덩그러니 있어 약간 쓸쓸하고, 두 개는 의외로 밸런스를 맞추기가 어렵습니다. 반대로 4개 이상이면 뒤죽박죽이 되기 쉽습니다.

공간이 없어서 하나밖에 둘 수 없다면 옆 페이지를 참조하세요. 한 개 또는 두 개의 소품이 돋보이도록 꾸미는 포인트입니다.

Point

소재·모양·높이에 변화를 준다

↘ 한 개를 장식한다면

벽에 작은 크기의
아이템을 장식한다

반지나 드라이플라워의 열매 등
작은 물건을 놓는다

망설여질 때는……

- 꾸미는 공간에 비해 너무 작지 않은 것으로 꾸민다.
- 포스트 카드를 뒤에 세운다.
- 장식물의 크기를 줄여 여러 개의 물건을 둘 수 없는지 검토한다.

↘ 두 개를 장식한다면

옆에 나란히 놓기만 해도 좋은 느낌~ ♩

키가 큰 것을 뒤쪽으로
비스듬히 놓기만 해도
분위기가 달라진다.

망설여질 때는……

- 꾸미는 장소에 안길이와 여유 공간이 있거나 2개의 높이 차가 꽤 있는 경우에는 앞뒤로 약간 비스듬히 놓는다.
- 반대로 좁고 여유 공간이 없거나 높이 차이가 별로 없는 경우, 옆으로 나란히 놓는다.

균형잡힌 디스플레이를 만드는 삼각형 법칙

장식의 법칙 중에서 가장 범용성 있고 활용하기 쉬운 것이 '삼각형 법칙'입니다. 우선, 장식할 아이템 3개를 높이 차이가 있는 것으로 고릅니다. 그리고 한눈에 봐도 밸런스가 삼각형이 되도록 정렬하세요.

키가 작은 물건이 2개라면, 중앙에 키가 큰 것을 놓고 낮은 것은 양쪽 앞부분에 놓아보세요. 키 큰 물건 2개에 작은 것이 하나라면 양쪽에 키가 큰 것을 놓고 정중앙의 앞부분에 낮은 것을 놓으면 됩니다.

높이 차이를 이용해 변화를 주는 한편, 삼각형이 되도록 배치하면 균형 있게 정리되지요.

위에서 봐도 삼각형이 그려지는 게 포인트! 높이 차이로도 삼각형, 안길이 면에서도 삼각형. 이것만 잘 지키면 어떤 위치에서 보더라도 균형 잡힌 디스플레이가 완성됩니다.

삼각형 법칙은 인테리어 공간 전반에 응용할 수 있습니다. 예컨대 선반에 브라운 컬러의 소품을 놓았다면 그 대각선 아랫단에 또 다른 브라운 잡화를 배치하고, 삼각형이 되도록 3번째의 브라운 잡화를 놓아보세요. 하나의 선반에 색을 달리해서 배치할 때도 이렇게 삼각형을 의식하면 잘 어울립니다.

Point

키가 작은 것을 앞부분에 배치해 삼각형을 만든다

↘ 키 작은 물건이 2개, 키 큰 물건이 1개라면

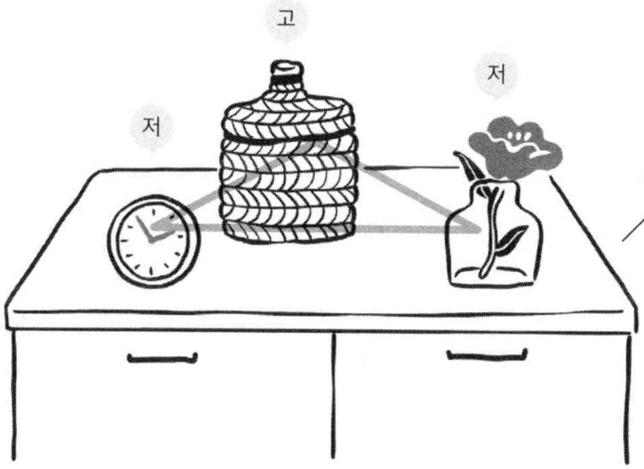

중앙에 키가 큰 것을,
키가 작은 것은
양쪽 앞부분에 놓는다.

↘ 키 큰 물건이 2개, 키 작은 물건이 1개라면

위에서 봐도 삼각형

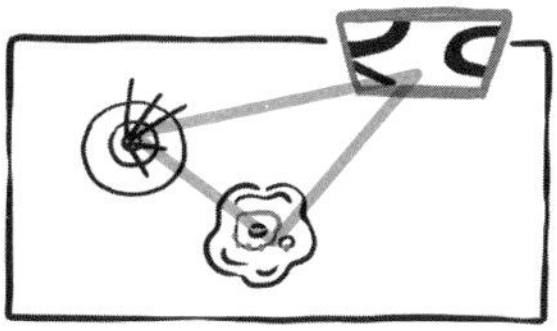

양쪽에 키가 큰 것을 놓고
정중앙 앞쪽에 낮은 것을
놓는다.

나란히 놓기 법칙

'삼각형 법칙'보다 더 쉽고 간단한 것이 '나란히 놓기 법칙'입니다.

'삼각형 법칙'에서는 높이 차가 있는 여러 개의 아이템이 필요해요. 하지만 비슷한 모양이나 같은 크기의 물건이라면 간격을 같이 하여 수평으로 나란히 놓기만 해도 묘하게 세련된 느낌을 줍니다.

여기서 중요한 것은 나란히 놓는 아이템의 수를 3개로 정한다는 것입니다. 2개가 수평으로 나열되어 있으면 너무 가지런한 느낌을 줄 수 있어요. 4개 이상이면 아이템의 크기에 따라 다르겠지만 조금 번잡한 느낌을 줄지도 모릅니다. 같은 간격으로 '나란히 놓기 법칙'을 사용한다면 균형적으로 3개가 가장 좋습니다.

모양이나 크기가 다른 3개의 물건은 '나란히 놓기 법칙'을 적용할 수 없을까요? 꼭 그렇지는 않습니다.

이런 경우에는 같은 간격으로 배열하지 말고 작은 것과 큰 것을 균형 있게 조합해 2개와 1개의 거리를 떨어뜨려 디스플레이합니다. 이 부분은 꾸미는 공간의 넓이에 따라 달라지므로 다양하게 옮겨가며 가장 잘 어울리는 배치를 찾아보세요.

밸런스가 고민이라면 사진으로 찍어 몇 가지 패턴의 이미지를 비교해 보는 것도 좋습니다.

Point

같은 모양·같은 크기라면 일렬로 나란히 놓는다

다른 소재의 법칙

지금까지 놓는 방법에 초점을 맞췄다면 이제는 아이템 자체의 분위기에 주목해 보세요. 같은 소재가 통일감이 있을 것 같지만 뜻밖에도 다른 소재를 맞추는 편이 세련된 결과를 가져오는 경우가 많습니다. 이것이 바로 '다른 소재의 법칙'입니다.

이를테면 제가 자주 쓰는 조합은 이런 것입니다.

- 바구니, 도자기, 포스트 카드
- 식물(드라이 플라워 포함), 목재 소품, 천 제품

소재가 다른 물건을 조합해도 베이스가 심플하고 보편적인 것이라면 오히려 센스있는 아이템이 됩니다. 주의할 것은 모티브가 뚜렷한 물건. 캐릭터 제품이나 지역적 특색이 있는 물건은 이미지가 너무 강해 취향이 분산되기 쉽습니다.

예컨대 오키나와 사자상(시사, Shisa-옮긴이)을 장식하고 싶다면 다른 소품도 남국풍으로 골라 취향을 맞춰야 깔끔한 느낌이 되는 것이지요.

소재 외에도 염두에 둘 것은 '직선과 곡선'입니다. 직선의 아이템은 공간을 스타일리시하게 만들고 곡선의 아이템은 부드러운 느낌을 줍니다. 직선과 곡선을 균형 있게 믹스하면 세련된 분위기를 만들 수 있습니다.

Point

소재·모양·높이에 변화를 준다

↘ 장르와 색의 분위기가 같다면 소재가 다른 것을 조합해도 멋있다

↘ 아이템의 직선과 곡선을 믹스하면 세련된 분위기로.
키가 큰 것과 작은 것을 지그재그로 배열해 리듬감을 주면 센스 업!

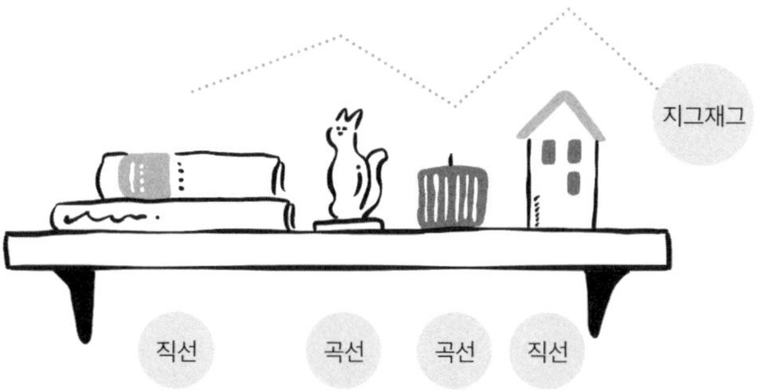

법칙 7

여백과 포컬 포인트로 센스 있는 벽을 만든다

시선이 모이는 곳을 만든다

벽 장식은 어떻게 하면 좋을까요? 포스터나 그림, 가족사진, 달력에 패브릭 패널 등으로 벽 전면을 가득 장식하고 있다면 재검토해보세요. 공간을 둘러싸고 있는 벽이 주는 느낌이 강하기 때문에 장식물이 너무 많으면 어수선해집니다.

그렇다고 아무것도 장식하지 않으면 그것대로 살풍경한 느낌을 줍니다. 적절히 장식된 센스 있는 벽을 디자인하려면 시선이 모이는 곳을 정하고 포컬 포인트, 즉 볼거리를 한 군데 만들어야 합니다.

기본의 네모난 공간이라면 벽은 4면. 그 중 2면에 창문과 문이 있다고 할 때 나머지 면을 장식 공간으로 삼게 되는 데요. 그 중 1면 혹은 2면 모두를 장식해도 좋지만, 전체적으로 장식하기보다 한 곳으로 장

시선이 모이는 곳에 포컬 포인트를

↘ 포컬 포인트가 없는 공간

여백이 없고 시선이 제각각……

↘ 포컬 포인트가 있는 공간

여백이 생겨 깔끔!

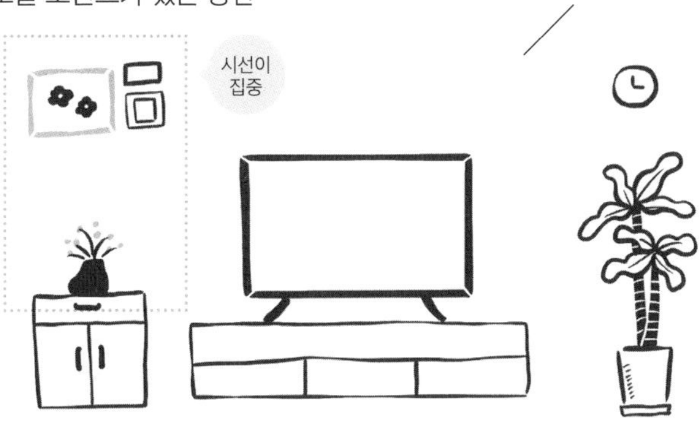

식 포인트를 좁히는 것이 좋습니다. 인테리어 용어로는 '포컬 포인트'라고 합니다.

포컬 포인트를 만들면 벽에 여백이 생깁니다. 벽에 여백이 생기면 포컬 포인트가 더욱 돋보여 리드미컬하고 고급스러운 공간이 됩니다. 여백과 장식, 이 두 가지를 활용하는 것이 깔끔하면서도 센스 있는 방을 만드는 기본입니다.

또한 포컬 포인트에 시선을 집중시킴으로써 그 밖의 생활감 있는 물건이 시야에 들어오지 않는 장점도 있습니다.

가장 시선이 집중되는 곳에 좋아하는 아이템 장식하기

그렇다면 어떤 식으로 포컬 포인트의 위치를 정해야 할까요? 우선은 그 공간에서 가장 시선이 집중되는 곳을 찾아보세요.

이를테면 문을 열었을 때 가장 먼저 눈에 들어오는 벽, 소파에 앉았을 때 눈앞에 있는 TV 옆 공간도 좋습니다. 시선이 모이는 곳에 볼거리를 만들면 기분도 훨씬 좋아집니다.

반대로, 그런 장소에 생활감 있는 물건을 두면 집이 단번에 살림에 찌든 티가 나므로 주의해야 합니다.

포컬 포인트가 정해지면 무엇을 꾸밀지 생각해야겠지요. 물론 좋아하는 아이템으로 꾸미면 됩니다. 좋아하는 포스터를 장식해도 좋고 가족 사진을 장식해 갤러리풍으로 완성해도 멋집니다. 또는 벽 쪽의 TV 장식장이나 서랍장 위에 소품을 디스플레이하면 OK.

법칙 6의 장식 법칙을 참고해 좋은 방법을 찾아보세요. 이것저것 꾸미는 것이 어렵고 귀찮다면 관엽식물 화분을 두는 것만으로도 훌륭한 포컬 포인트가 됩니다.

포컬 포인트는 벽의 여백에 비해 어느 정도의 공간을 잡아야 할까요? 만일 깔끔한 공간을 원한다면 여백 80%, 포컬 포인트 20% 정도의 비율을 기준으로 생각하면 됩니다.

하지만 이것은 어디까지나 기준입니다. 여백과 포컬 포인트의 중요성을 이해하고 편안하게 느껴지는 비율로 좋아하는 물건을 자유롭게 장식해보세요.

여러 아이템으로 한껏 꾸미고 생활하다가 '약간의 피로감'이 느껴지면 조금씩 줄여가면 됩니다. 그때 '여백 80%, 포컬 포인트 20%'의 비율을 떠올리면서 조절해 보세요.

법칙 8

정기적으로 인테리어를 재정비하는 습관을 들인다

좋아하는 디스플레이 먼지가 쌓여 있지는 않은가?

좋아하는 소품을 깔끔하게 디스플레이한 것까지는 좋은데, 그 장식을 몇 년씩 그대로 방치하는 경우가 많습니다. 게다가 새로 산 소품을 계속 추가하는 바람에 세련과는 점점 거리가 멀어지는 경우도 있지요. 청소하기도 힘들어 어느 샌가 먼지가 뽀얗게 쌓이기도 합니다.

예뻐보이는 소품을 일단 사고 보는 그 마음, 누구나 겪어 본 적이 있을 거예요. 하지만 충동구매 후 막상 집에 가져와서 놓고 봤을 때 '어딘지 이미지와 다르다'고 느끼는 경우도 있어요.

그리고 무엇보다 물건이 늘어납니다! 물건이 늘어나는 것을 대놓고 잔소리할 생각은 없지만, 특히 잡화에 관해서는 제대로 음미할 것만 가지고 있기를 권합니다.

잡화를 계속 구매하거나 디스플레이를 방치하는 사태를 예방하려면 정기적으로 인테리어를 반드시 재정비해야 합니다.

디스플레이를 일단 리셋!
인테리어를 '정리 수납' 한다

지금 있는 인테리어를 재정비하고 필요한 물건과 그렇지 않은 물건으로 나누어 리셋하는 작업을 '인테리어의 정리 수납'이라고 합니다.

선반에 장식되어 있는 소품과 가구의 위치 등을 재검토함으로써 '장식을 방치'하거나 '자기도 모르게 먼지가 쌓여 있는' 상태를 막고 새로운 기분으로 인테리어를 즐길 수 있지요.

깔끔한 공간을 유지하기 위해, 잡화나 가구를 오랫동안 사랑하기 위해 정기적으로 꼭 필요한 작업입니다. 우선은 선반이나 벽에 장식되어 있는 소품을 전부 치워보세요.

그리고 청소하고 소품도 모두 깨끗하게 닦습니다. 이후 필요한 물건과 그렇지 않은 물건을 분류합니다.

잡화에서 '필요한 물건'이란 '지금 기분에 맞는 것'입니다. 예컨대 '샀을 때는 마음에 들었지만 지금은 별로'라면 무리하게 꾸밀 필요가 없습니다. 그렇다고 버리라는 이야기는 아닙니다. 추억이 담긴 물건이라면 더욱 그렇습니다. 디스플레이를 하지 않더라도 어딘가 다른 장소에 넣어두면 됩니다.

가진 물건을 다 장식하지 말고 좋아하는 물건을 번갈아 활용

핵심은 가지고 있는 물건을 모두 장식할 필요는 없다는 것. 이것만으로도 디스플레이가 상당히 깔끔해집니다. 분류가 끝나면 좋아하는 물건부터 순서대로 바꿔가며 장식해보세요. 개수가 줄어든 만큼 장식물 하나하나의 장점이 돋보일 것입니다.

새롭게 단장한 인테리어를 새 기분으로 충분히 즐기다가 기분 전환을 하고 싶어지면 다시 정비 작업에 들어가면 됩니다.

불필요한 잡화를 늘리지 않으려면 쇼핑 방법도 조금 바꿀 필요가 있습니다. 예쁘다는 생각에 충동구매하는 것은 사실 즐거운 일입니다. 기분도 즐거워지고 좋아하는 물건이 옆에 있기만 해도 행복해지니까요.

하지만 예쁘다는 이유로 매번 사다 보면 물건을 모두 모아놓았을 때 불협화음을 일으키기도 합니다.

이를 방지하기 위해 계산대에 줄을 서기 전에 '우리집 인테리어와 어울리는지', '다른 소품과 나란히 두었을 때 튀지 않는지'를 꼭 머릿속으로 그려보세요.

마치 새 옷을 살 때 '가지고 있는 옷과 맞춰 입기 쉬운가'를 생각하는 것과 비슷한 방법입니다.

사진도 주기적으로 바꿔가며 장식한다

가족 사진도 점점 늘어나는 물건 중 하나입니다. 특히 사진은 시선이 집중되고 색채도 풍부하기 때문에 너무 꽉 차게 장식하면 공간의 분위기를 해치는 경우도 생깁니다.

사진도 정기적으로 재검토해 보세요. 가족과의 시간이 길어질수록 장식하고 싶은 사진도 늘게 마련이지만 그런 만큼 줄이는 것도 검토해야 합니다.

마음에 드는 것을 엄선하거나 '이때, 즐거웠었지'라고 대화의 소재가 되는 사진을 장식하는 것도 좋습니다.

사진도 잡화와 마찬가지로 정기적으로 교체하여 새로운 분위기를 만들어 줍니다. 갤러리가 업데이트되면 가족과의 대화도 늘어나고 커뮤니케이션도 원활해질 거예요.

법칙 9

안길이가 있는 레이아웃이 더 넓어 보인다

시야를 가리지 않는 가구 배치의 기술

공간이 좁다고 느끼면서도 '임대니까' 또는 '가구가 많아서' 포기한 경험이 있나요? 약간의 테크닉을 통해 훨씬 넓어 보이게 할 수 있습니다. 그것은 바로 안쪽까지 시야가 트이는 공간을 만드는 것입니다.

문을 열었을 때 눈앞에 큰 창이 있으면 그것만으로도 공간이 넓어 보입니다. 시선이 창밖으로 확장되기 때문이지요. 안길이를 느낌으로써 공간이 확장되는 효과가 생기는 것입니다.

즉, 공간을 넓어 보이게 하려면 전면의 시야를 가리지 않도록 가구를 배치하면 됩니다. 같은 가구라도 배치 방법에 따라 안길이의 느낌이 크게 달라집니다.

먼저 중앙에 시야를 가리는 키 큰 가구를 두지 않는 것이 중요합니다. 예컨대 넓은 방의 공간을 구분할 목적으로 커다란 캐비닛 같은 것을 두는 레이아웃이 그 예입니다. 공간을 분리하여 변화를 줄 수는 있지만 시야가 차단되므로 방이 좁게 느껴집니다.

공간을 꼭 분리하고 싶어 중앙에 칸막이용 가구를 놓아야 한다면 시선이 안쪽까지 가 닿을 수 있도록 낮은 오픈 랙을 선택하는 것이 좋습니다. 마찬가지로 소파도 등받이 면이 낮은 것을 선택하도록 하세요.

그리고 문을 열었을 때 키 큰 가구를 앞쪽에, 낮은 가구를 안쪽에 배치하면 공간의 안길이를 느낄 수 있습니다. 안쪽으로 감에 따라 시선이 뻗어 나가는 원근법 효과를 이용한 배치입니다. 1인 가구가 사는 원룸 등에서도 효과적인 테크닉입니다.

가구가 차지하는 면적은 바닥의 30~40% 정도로 제한한다

어디까지나 기준치이지만, 가구가 차지하는 면적을 바닥의 30~40% 정도로 제한하면 압박감 없는 공간을 만들 수 있습니다.

그 기준보다 가구가 많다면 앞에서 이야기한 배치의 법칙을 실천해 보세요. 그리고 앞으로 가구 구입을 검토하고 있다면 '공간을 넓어 보이게 하는 것'을 기준에 추가하는 것도 좋겠지요.

일반적으로 흰색이나 투명한 제품은 공간이 밝고 넓어보이는 효과가 있습니다. 오픈 랙이나 유리 상판의 테이블 등은 시야를 가리지 않아 개방감을 느낄 수 있습니다.

다리가 있는 가구로 가벼운 느낌 만들기

가구의 다리에도 주목해보세요. 침대의 경우, 다리가 있는 제품은 바닥 밑으로 시야가 트여 압박감이 줄어듭니다. 테이블이나 의자의 다리도 가늘고 날씬한 디자인일수록 산뜻한 분위기를 연출합니다. 가구의 다리가 공간에 주는 인상은 의외로 큽니다.

가구의 안길이 사이즈에 관해서는 제 나름의 기준이 있습니다. 선반이나 TV 받침대 등 벽에 붙여 배치하는 가구는 최대 안길이 40cm를 선택합니다.

오랜 세월 다양하게 시도해 본 결과 안길이가 40cm를 넘으면 앞으로 튀어나온 느낌이 들어 답답하더라고요. 공간의 크기에 따라서도 달라지므로 어디까지나 참고로 활용하세요.

'좁다!'고 포기하기 전에 지금 가지고 있는 가구의 레이아웃을 바꿔보세요. 시선을 트이게 가구 배치를 하면 소중한 공간을 좀 더 넓어 보이게 만들 수 있어요.

Point

가구는 안길이가 느껴지는 레이아웃으로

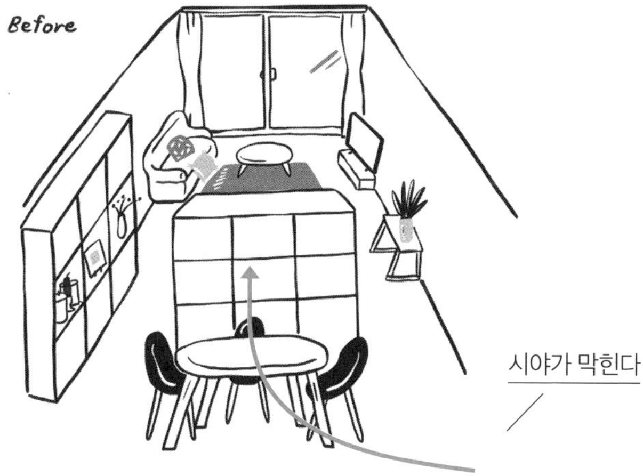

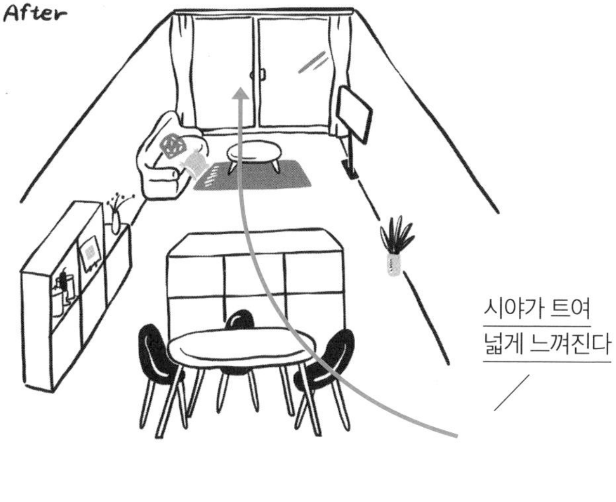

법칙

10 생활의 편리를 최우선으로 고려한다

'멋짐'과 '예쁨'은 생활의 편리함 위에 성립된다

마지막으로 외관과 멋도 중요하지만 생활의 편리를 최우선으로 고려하는 것입니다. '인테리어는 생활의 편리를 위한 것'이 이 책의 큰 테마 중 하나입니다.

예전에는 인테리어에 대한 자료 조사를 위해 책이나 잡지에 의존하거나 발로 뛰며 가게를 찾아다녀야 했지요. 지금은 인터넷 검색창에 키워드만 넣으면 원하는 이미지와 사례가 가득 나옵니다.

유행하는 아이템부터 해외 사례까지 바로 확인할 수 있으니 정말 편리한 시대입니다. 반면에 정보가 너무 넘쳐나서 오히려 고민하는 경우도 많습니다.

SNS에는 다양한 유행 인테리어로 꾸민 집이 수없이 많습니다. 또는 최소한의 물건만 두고 미니멀 라이프를 즐기는 사람들도 있고요. 모두 다 멋진 생활 방식이지만 나에게 꼭 맞는 것이라고 할 수 없습니다.

SNS나 모델하우스에서 보여주는 공간에는 실제 생활이 들어있지 않습니다. 생활의 일부가 생략된 것이므로 반드시 있어야 할 '생활의 편리함'을 간과하기 쉬워요.

그런 인테리어 디자인을 이상적인 것으로 설정하면 표면적으로는 멋진 공간일지라도 생활하다보면 어딘가 불편하거나 '나답지 않다'고 느끼게 됩니다.

'친구들에게 자랑할 만한 공간으로 만들어야 해'
'SNS에 올릴 수 있는 멋진 소품을 갖고 싶어'

'사람들에게 어떻게 보일까'를 우선으로 고려한 집은 사는 사람을 힘들게 합니다. 그것 때문에 불편해진다는 것은 너무 안타까운 일입니다.

되돌아보면 저도 여러 길을 거쳐 지금의 우리 집 인테리어를 완성한 셈입니다. 핑크와 모노톤 인테리어에 흠뻑 빠졌던 10대. 성인이 되면서 내추럴 분위기를 좋아하게 되었고 카페풍의 앤티크 가구에도 매력을 느꼈어요.

모델하우스 코디네이터로 활동하면서 가족이나 남성들도 좋아하는 분위기를 적용해보게 되었지요. 그리고 구마모토 지진이 일어난 것을 계기로 저의 인테리어는 훨씬 더 심플해졌습니다. 필요 이상으로 꾸미기를 그만둔 것은 인테리어에 안전성을 추구하기 때문입니다. 나이가 들면서 체력이 떨어지는 걸 느낀 후 관리하기 편한 심플한 집을 좋아하게 되었지요.

이처럼 자신의 변화나 주위 환경의 변화에 따라 인테리어의 취향도 계속 바뀝니다. 그리고 그 변화의 중심이 되는 것은 바로 '생활의 편리성'입니다.

집을 깔끔하게 정리하는 것도, 멋진 소품으로 장식하는 것도, 가족과 내가 편안하게 살기 위해서니까요.

인테리어에 완성이란 없기에 재미있는 것

오랫동안 공간 꾸미기와 수납 및 인테리어 제안을 해왔지만, 아직도 하고 싶은 것이 많습니다.(웃음) 하지만 서두르지 않고, 경쟁하지 않고, 다른 사람과 비교하지 않으려고 합니다. 완벽을 추구하지 않고 내 페이스대로 나아가고 싶어요.

인테리어는 자기 페이스대로 즐기는 것입니다. 하루 아침에 이상적인 집을 만들겠다고 덤비지 말고 조금씩 해나가면 됩니다. 집안일이나 육아로 정리정돈이 어렵다면 조금 어질러져도 괜찮습니다. 물건을 줄일 수 없다면 억지로 줄일 필요는 없습니다.

중요한 것은 '○○가 아니면 안 된다'는 식으로 자신을 속박하지 않는 것. 여기서 소개한 다양한 법칙도 자신의 스타일에 맞지 않는다고 느끼면 무리하게 적용할 필요는 없습니다.

원래 인테리어는 '저게 더 좋을까? 이게 더 예쁜가?'하고 이것저것 시행착오를 겪는 시간이 가장 즐겁습니다. 금방 완성해 버리면 재미가 없지요.

그런 의미에서는 오랜 시간에 걸쳐 조금씩 이상적인 집으로 접근해 가는 것이 인테리어를 능숙하게 즐기는 비결 아닐까요?

Column 1

좁은 공간에서 하면 안 되는 인테리어 10가지 법칙

의뢰가 많이 들어오는 인테리어 고민 중에서도 특히 자주 듣는 이야기는 공간이 '좁다'는 것입니다. '좁은 공간에서 하면 안 되는 10가지 법칙'을 소개해 드릴게요.

① '어두운 색을 많이 사용한다'. 수축 효과가 있는 어두운 색을 많이 사용하면 그만큼 더 좁고 압박감을 느끼게 합니다. 포인트 역할을 위해 사용하는 것은 괜찮지만 베이스 컬러로 사용하는 것은 추천하지 않아요.

② '키 큰 가구를 놓는다', ③'안길이가 있는 가구를 선택한다', ④ '시야를 가로막는다.' 공간을 넓어 보이게 하는 기본은 '안쪽까지 시선이 뻗어 나가는 공간을 만드는 것'이므로 가구는 되도록 낮은 것을 고릅니다. 키 큰 가구나 안길이가 있는 가구가 꼭 필요한 경우에는 공간을 막지 않는 장소(벽 쪽 등)에 배치하도록 하세요.

⑤ '무늬가 큰 커튼이나 벽지를 선택한다.' 인테리어에 무늬가 있는 경우 무늬가 크면 클수록 공간에 압박감을 줍니다. 대담한 무늬를 효과

적으로 사용하면 매우 세련되어 보이지만 공간을 넓어 보이게 하고 싶다면 피하는 것이 좋아요. 큰 무늬를 고를 때는 색의 대비가 적은 것으로 선택해야 그나마 존재감이 약해집니다.

⑥ '수납 가구를 점점 늘린다'는 직접 경험한 사람도 많을 거예요. 물건이 흩어져 있으면 일단 수납 아이템을 사들이기 쉽습니다. 하지만 '수납 가구가 있으면 저절로 정리된다'는 생각은 옳지 않아요.

그 공간에 적합한 물건의 양은 반드시 있게 마련입니다. 물건이 넘친다면 수납 가구를 사기 전에 우선 줄일 물건이 있는지 검토하세요. 그런 후에 필요하다고 판단되면 물론 구입해도 좋습니다.

물건을 줄이면 ⑦ '바닥에 물건을 많이 둔다', ⑧ '벽에 옷을 많이 건다'는 사항도 필연적으로 해결할 수 있지요. 인테리어 효과로도 좋은 '바닥 수납'이나 옷가게처럼 '옷을 보여 주는 수납'은 아이디어로는 훌륭합니다. 하지만 하면 할수록 압박감이 더해지는 것도 사실. 예쁘게 수납하기 전에 먼저 물건을 정리하고 처분하세요.

⑨ '창가에 인테리어 장식을 많이 한다'. 창 근처에 물건을 많이 두면 자연광이 차단되어 공간이 어두워집니다. 출창 인테리어는 멋있지만 물건을 많이 두지 않도록 주의해야 합니다.

⑩ '모든 벽을 장식한다'는 것도 압박감의 원인이 됩니다. 장식하는 벽은 많아야 2면. 한쪽 면에 장식을 많이 했다면 다른 쪽은 적게 장식해서 균형을 맞추세요.

좁은 방에서 하면 안 되는 10가지 법칙

NG POINT 1

어두운 색을 많이 사용한다

NG POINT 2

키 큰 가구를 놓는다

NG POINT 3

안길이가 있는 가구를 선택한다

NG POINT 4

시야를 가로막는다

NG POINT 5

무늬가 큰 커튼이나 벽지를 선택한다

NG POINT 6

수납 가구를 점점 늘린다

NG POINT 7

바닥에 물건을 많이 둔다

NG POINT 8

벽에 옷을 많이 건다

NG POINT 9

창가에 인테리어 장식을 많이 한다

NG POINT 10

모든 벽을 장식한다

Chapter 2

따라만 하면 OK!
구역별 10가지
인테리어 법칙

구역별 인테리어의 포인트를 알려드릴게요.
아주 작은 아이디어로 공간이 달라지고 생활이 편해집니다.
마법과 같은 감동을 만끽해보세요.

구역

1

거실

Living room

거실은 온 가족이 모이는 휴식 공간이자 손님을 맞는 곳이기도 합니다.
가족 모두 기분 좋게 지낼 수 있고 손님이 편안함을 느낄 수 있는 거실을 목표로 하세요.

따라만 하면 OK! 거실 꾸미기 포인트

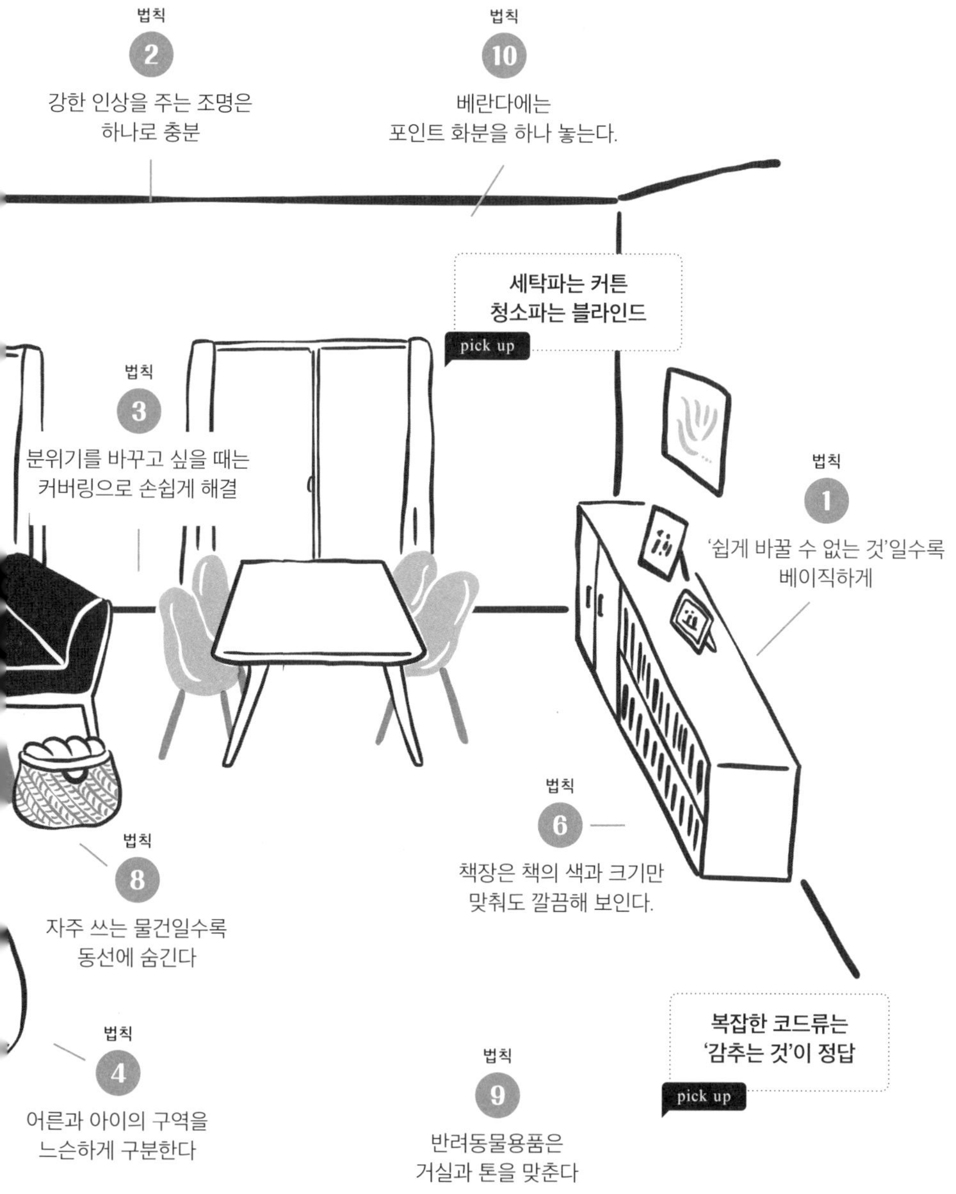
법칙
2
강한 인상을 주는 조명은
하나로 충분
법칙
10
베란다에는
포인트 화분을 하나 놓는다.
세탁파는 커튼
청소파는 블라인드
pick up
법칙
3
분위기를 바꾸고 싶을 때는
커버링으로 손쉽게 해결
법칙
1
'쉽게 바꿀 수 없는 것'일수록
베이직하게
법칙
6
책장은 책의 색과 크기만
맞춰도 깔끔해 보인다.
법칙
8
자주 쓰는 물건일수록
동선에 숨긴다
법칙
4
어른과 아이의 구역을
느슨하게 구분한다
법칙
9
반려동물용품은
거실과 톤을 맞춘다
복잡한 코드류는
'감추는 것'이 정답
pick up

법칙

1 '쉽게 바꿀 수 없는 것'일수록 베이직하게

가족이 자연스럽게 모이는 거실은 이를테면 캠핑장의 모닥불 주변처럼 즐거울 때도, 지칠 때도, 조금 우울할 때도 다정하게 다가와 주는 공간이어야 합니다.

그렇기에 베이스는 가능한 심플한 것이 좋습니다. 강하고 다채로운 컬러의 거실에서는 피곤에 지친 가족이 편안함을 느끼지 못할 수도 있거든요.

그리고 취향은 반드시 바뀐다는 것을 염두에 두세요. 처분할 때를 고려해 소파나 식탁, 커다란 선반처럼 '쉽게 바꿀 수 없는 물건'은 심플하고 베이직한 분위기로 선택하기를 권합니다.

베이스가 심플하면 소품을 마음껏 즐길 수 있습니다. 컬러풀한 쿠션이나 트렌드감 넘치는 화병 등을 포인트로 활용해 보세요.

좋아하는 인테리어 스타일을 반영한 소품을 놓아보는 것도 좋습니다. '베이스는 심플, 소품으로 포인트'는 '반드시'라고 해도 좋을 만큼 멋진 거실을 만드는 철칙입니다.

법칙 2 강한 인상을 주는 조명은 하나로 충분

베이직한 분위기의 공간에 강렬한 느낌의 아이템을 넣고 싶다면 조명은 좋은 선택지가 될 수 있습니다. 심플한 인테리어에 독특한 디자인의 조명이 있다면 그 자체로 전문가의 포스가 느껴집니다.

인테리어에서 조명은 트렌디한 아이템 중 하나입니다. 요즘은 펜던트 라이트와 브래킷 라이트, 자연 소재와 놋쇠를 사용한 것, 투명한 유리를 사용한 클리어 전구 등이 인기. 조명을 바꾸려고 한다면 어딘가에 트렌드 요소를 접목해 보기를 권합니다.

단, 다른 인테리어와의 조화를 고려해 너무 독특한 디자인은 피하는 것이 안전하겠지요. 예컨대 펜던트 라이트의 경우에는 일반적인 삼각형 전등 갓 같은 트렌드 요소가 있으면서 디자인은 심플한 것으로 고르면 깔끔한 느낌을 줍니다.

조명을 구입할 때 주의해야 할 것은 사이즈 감각. 사진으로 봤을 때는 멋있었는데 실제로 놓으면 생각보다 크거나 작아서 곤란한 경우도 종종 생깁니다. 마음에 드는 조명을 발견했다면 반드시 비슷한 크기의 물건을 놓고 분위기를 상상해봐야 합니다.

법칙 3 분위기를 바꾸고 싶을 때 커버링으로 손쉽게 해결

가구를 교체하지 않고도 공간의 분위기를 손쉽게 바꾸는 방법은 소파처럼 덩치 큰 가구를 천으로 부드럽게 커버링하는 것입니다. 마땅한 천이 없다면 인테리어 숍에서 쉽게 볼 수 있는 멀티 커버를 사용해보세요.

멀티 커버는 이름 그대로 다종다양하게 사용할 수 있는 커다란 천입니다. 여름에는 리넨, 겨울에는 니트나 퍼 같은 소재를 골라 계절감을 자연스럽게 연출하는 것도 멋진 아이디어.

천은 역시 베이직한 무지를 선택해야 싫증 나지 않아요. 색상을 넣어 밋밋함을 없애고 싶다면 커튼이나 벽과 같은 계열의 색을 골라 거실 전체의 정리된 느낌을 유지하도록 합니다.

법칙 4 어른과 아이의 구역을 느슨하게 구분한다

어린 자녀가 있으면 아무래도 거실이 어질러지기 쉽습니다. 알록달록한 장난감과 아기용품이 넘쳐나는 탓에 이상적인 인테리어 분위기와 점점 멀어져 간다고 괴로워하는 사람도 많지요.

거실 전체가 복잡하고 어지러운 인상을 주지 않으려면 어른과 아이의 구역을 느슨하게 구분해야 합니다. '느슨하게'가 포인트! 관엽식물로 가리거나 러그 또는 낮은 오픈 랙으로 구역을 나누는 등 경계선은 어디까지나 느슨하게.

빡빡하게 선 긋기를 하면 스트레스가 되고 '구역에서 벗어나면 안 돼!'라며 자기도 모르게 짜증을 내기 쉽습니다. 아이가 어릴 때는 어질러지는 것이 당연하다고 생각하고 너무 예민하게 생각하지 마세요.

법칙 5 디자인이 좋은 생활용품을 골라 시선이 닿는 곳에 장식한다

예전에 카펫 클리너를 선반 위에 장식해두었어요. 귀엽고 독특한 디자인이라 밖으로 꺼내 놓아도 인테리어 아이템으로 거부감이 없었지요.

Chapter 1의 법칙 4에서 말한 바와 같이 티슈 커버나 룸 스프레이 등의 생활용품은 디자인이 예쁜 것으로 골라 시선이 잘 닿는 곳에 디스플레이하는 것도 좋은 아이디어입니다.

넣고 빼는 수고를 덜고, 청소의 장벽도 낮아져 생활이 편해집니다.

법칙

6 책장은 책의 색과 크기만 맞춰도 깔끔해 보인다

집 주인의 성향이나 취향이 고스란히 드러나는 책장은 훌륭한 인테리어 아이템입니다. 그러나 책 커버의 디자인에 따라 컬러가 너무 튀는 경우가 많습니다. 시선이 머무는 높이의 선반은 책의 높이와 컬러를 맞춰 꽂기만 해도 깔끔해 보여요.

너무 강한 이미지의 책은 정리함에 넣은 후 책장에 꽂으면 훨씬 깔끔해져요. 책장에 책을 빼곡하게 꽂으면 답답해 보이므로 빈 공간을 두고 작은 관엽식물 등을 포인트로 장식해 보세요. 분위기 좋은 책장이 됩니다.

법칙

7 오픈 선반은 '면'을 맞추면 깔끔하다

오픈 선반은 여러 면에서 편리하지만 의외로 수납 방법이 까다롭습니다. 책이나 소품, 마스크 상자 등 생활용품이 아무렇게나 진열되어 그야말로 무법천지의 공간이 되는 경우도 적지 않습니다.

오픈 선반이 복잡한 물건으로 어지러울 때 인박스(inbox)를 비롯한 수납 케이스를 활용해 보세요. 오픈 선반과 조합하면 '면'이 가지런해져 상당히 깔끔해 보입니다.

또한 공간을 구분해 물건을 분류하기 쉽고 정리가 편하다는 장점도 있습니다. 휙 던져 넣듯 수납할 수 있어 가족 모두가 사용하기 쉽고 다시 어질러지지도 않겠지요.

각각의 인박스 색과 크기를 맞추면 더욱 정돈된 느낌을 줍니다.

반대로 Chapter 1의 법칙 6 '다른 소재의 법칙'에 따라 천, 바구니, 플라스틱 등 소재가 다른 것을 믹스하면 좀더 세련된 느낌을 주지요.

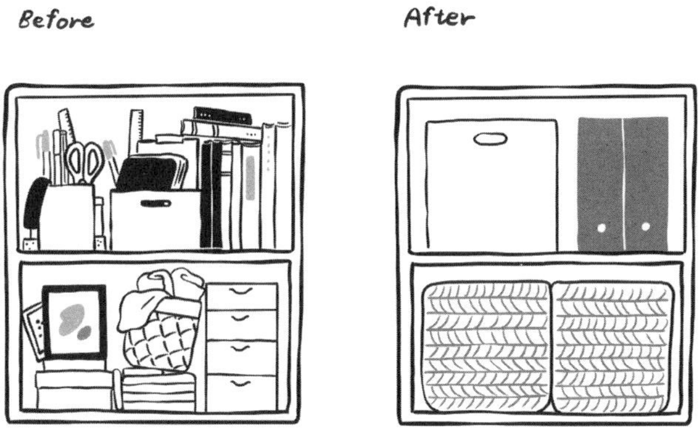

법칙

8 자주 쓰는 물건일수록 동선에 숨긴다

어린 자녀가 있는 가정이라면 기저귀나 물티슈, 보습용품 등 아기용품 수납 장소가 고민스럽습니다. 늘 쓰는 물건이니 언제든 꺼낼 수 있는 곳에 수납하고 싶지만, 생활용품이니만큼 너무 눈에 띄는 장소는 피하고 싶겠지요.

그럴때는 수납함에 넣은 뒤 자주 사용하는 장소에 사각 수납을 해보세요. 사각지대가 없는 경우에는 바구니나 바퀴 달린 왜건 등 보기 좋은 수납 용품을 활용해 거실에 그대로 두는 것도 좋아요.

생활하기 편한 공간을 만들기 위해서는 자주 사용하는 물건일수록 동선 가까이에 두는 것이 중요합니다. P79의 법칙 5에서 언급한 우리 집 카펫 클리너는 현재 소파 근처로 옮겼어요. 소파에 누워 있기를 좋아하는 우리 집 강아지의 털을 바로바로 제거하기 위해서죠(웃음).

그 밖에도 매일 사용하는 청소 도구나 직업상 자주 쓰는 카메라는 거실 한가운데에 사각 수납하고 있습니다.

수납을 할 때 동선을 의식하면 불필요한 동작도 줄어들고 집안일의 효율도 높아집니다.

법칙

9 반려동물용품은 거실과 톤을 맞춘다

반려동물이 주는 기쁨은 무엇과도 바꿀 수 없습니다. 하지만 케이지나 화장실, 산책용품 등의 물건이 아무래도 늘어나는 것은 어쩔 수 없습니다. 반려동물을 배려한 인테리어가 필요하지만 작은 아이디어로 해결할 수 있는 경우도 의외로 많아요.

예컨대 거실에 케이지를 두는 경우, 벽과 같은 계열의 색이나 투명한 것, 또는 명도가 높은 자연 소재를 고르면 압박감이 줄어듭니다. 장난감이나 밥그릇 등 소품은 색의 수를 가능한 제한하세요. 아울러 인테리어의 톤과 컬러를 맞추면 바깥에 꺼내 놓아도 복잡한 느낌을 줄일 수 있어요.

하지만 반려동물의 장난감 중에는 컬러풀한 것이 많아 저는 심플한 모양의 강아지 장난감을 직접 만들기도 합니다. 그리고 사각 수납법을 활용합니다. 바구니나 케이스 안에 반려동물용품을 넣어두면 평소에는 눈에 거슬리지 않으면서 편리하게 쓸 수 있습니다.

공간이 조금 어수선해지더라도 사랑하는 동물에게 편안한 공간을 만들어 주는 것이 가장 중요합니다.

법칙

10 베란다에는 포인트 화분을 하나 둔다

집에서 머무는 시간이 길어지면서 베란다 인테리어에 신경을 쓰는 사람도 늘고 있습니다. 우드 패널이나 야외용 테이블 세트를 설치해 베란다에서 한가롭게 지내는 시간은 더 없이 행복하지요.

하지만 '그렇게까지 넓지도 않고 돈도 노력도 쓸 상황이 아니다!'라는 분이라면 포인트 화분을 하나 놓아보세요.

약간 큰 야외용 식물이 하나만 있어도 베란다가 아주 상쾌한 분위기로 바뀌거든요. 거실 창을 통해 녹색 잎이 무심히 흔들리는 모습을 바라보는 것도 힐링이지요.

공간이 있다면 옆에 데크 체어를 하나 놓고 햇살 가득한 힐링 공간을 만드는 것도 좋습니다. 밤에는 야외에서도 사용할 수 있는 LED 랜턴을 가져다 놓고 분위기 좋은 베란다 라이프를 즐겨 보는 건 어떨까요?

pick up 세탁파는 커튼, 청소파는 블라인드

커튼과 블라인드 중 어느 것을 달아야 할지 망설여진다면 관리하는 방식에 따라 고르는 방법도 있습니다. 먼지를 닦는 등 청소가 귀찮다면 커튼을, 세탁하는 것을 싫어하면 블라인드를 선택하는 것이 좋습니다.

pick up 복잡한 코드류는 '감추는 것'이 정답

코드 수납은 '감추는 것'이 기본. 하지만 우선 불필요한 코드가 없는지 확인하세요. 사용하지도 않으면서 계속 꽂아두는 코드가 의외로 많습니다. 그런 후 전용 케이블 박스를 활용하거나 가구와 관엽식물 등으로 가리는 방법도 연구해 보세요.

pick up 벽시계는 바닥에서 180~200cm를 기준으로

벽시계는 바닥에서 180~200cm, 눈높이보다 약간 높은 곳에 위치하면 보기 편합니다. 다만 좌식 생활을 하는 경우에는 이에 해당되지 않아요. 낮은 가구가 많아도 균형이 맞지 않거든요. 생활 방식과 인테리어의 균형을 맞춰 상황에 따라 조정하세요.

구역

2

주방

Kitchen

기능성과 청결이 요구되는 주방. 요리가 즐거워지는 멋진 인테리어로 만드는 포인트.
보기만 해도 기분이 좋아지는 나만의 주방으로 만들어 보세요.

따라만 하면 OK! 주방 꾸미기 포인트

법칙
6
그릇장도 인테리어
요소로 활용한다
법칙
3
보기 좋은 아이템은
차라리 장식한다.
pick up
펜던트 조명을
활용해 본다.
법칙
2
눈에 띄는
포장 제품은
사각 수납
법칙
1
손이 저절로 움직이는
'무의식 수납' 시스템으로
법칙
4
포인트를 줄 때는
작은 아이템으로
법칙
7
수납 공간 추가는
최후의 수단

법칙

1 손이 저절로 움직이는 '무의식 수납' 시스템으로

식재료에 식기류, 조리 기구는 물론이고 행주에 키친타월, 자잘한 조미료 등 이것저것 꺼낼 물건이 많은 주방. 그렇기에 '어디 있더라?'라는 생각 없이 손과 몸이 저절로 움직이는 '무의식 수납' 시스템을 추천합니다.

제가 실천하고 있는 무의식 수납 중 하나는 함께 사용하는 물건을 같은 장소에 수납하는 것입니다. 이를테면 냄비나 프라이팬과 함께 사용하는 국자와 뒤집개는 모두 레인지 밑에 함께 수납. 그리고 볼이나 소쿠리, 냄비류는 공간이 허락하면 포개서 수납하지 않습니다.

한 번의 움직임으로 넣고 뺄 수 있다는 것은 손이 바쁜 주방 일을 할 때 큰 도움이 됩니다.

그리고 특정 조리 도구는 독립적으로 수납할 것. 예를 들면 작아서 찾기 어렵고, 어딘가에 걸기 쉬운 형태인 동시에 자주 사용하는 물건. 필러나 작은 강판, 작은 집게 등의 아이템은 작은 수납 케이스에 각각 정리하면 '어디 있더라?'하며 찾는 일이 확실히 줄어들고 넣고 빼기도 쉽습니다.

손님용 식기와 큰 냄비 등 사용 빈도가 낮고 무게가 있는 물건은 안전과 관리상 편의를 위해 선반 가장 아래에 수납하는 것이 포인트입니다.

법칙

2 포장이 다양한 제품은 보이지 않는(바구니나 박스) 수납

매일 아침 먹는 식빵과 인스턴트 커피, 간식으로 챙겨둔 과자들처럼 자주 먹는 것은 손닿는 주방 주변에 꺼내 두고 쓰는 사람도 많습니다. 하지만 이러한 시판 제품의 포장은 주방 인테리어에 큰 영향을 미칩니다.

다양한 컬러의 디자인이 눈에 들어오는 순간, 생활감이 확 드러납니다. 따라서 이러한 식품류도 꺼내 놓고 싶은 마음을 꾹 누르고 사각 수납할 것을 추천합니다.

수납 장소가 마땅치 않다면 바구니 등에 모아 넣어 두기만 해도 훨씬 정리돼 보여요. 아기가 있는 가정이라면 우유병이나 분유도 전용 박스에 수납해 손이 닿는 곳에 놓아두면 사용하기도 편하고 보기에도 깔끔합니다.

법칙

3 보기 좋은 아이템은 인테리어 소품으로 활용한다

주방을 장식하고 싶은 마음은 있지만, 식품을 취급하는 장소다 보니 소품을 두려 해도 고민스러운 점이 많습니다. 그럴 때는 주방을 자세히 살펴보세요. 의외로 주방은 디스플레이 아이템의 보고일 수도 있습니다.

이를테면 나무 도마, 통조림 병에 든 올리브, 멋진 캔에 든 홍차 등 돋보이는 주방 아이템을 자연스럽게 눈에 띄는 곳에 두면 그것만으로도 분위기 좋은 주방이 됩니다. 시판하는 포장 제품도 공들여 만든 디자인 제품이라면 집어넣지 말고 보여주는 것도 방법. 수납할 물건도 늘지 않고 일석이조 아닐까요?

법칙

4 포인트는 작은 아이템으로

주방을 꾸미는 또 하나의 아이디어는 작은 주방용품으로 포인트를 주는 것. 앞서 설명한 것처럼 '베이스는 심플, 소품으로 포인트' 법칙은 주방에서도 적용됩니다.

포인트를 주고 싶다면 포인트 컬러가 되는 행주나 냄비 장갑, 식기

등의 소품을 보이는 위치에 배치해 보세요.

밥솥이나 토스터 등 가전제품의 디자인이 마음에 들지 않을 때는 커버링을 해 보세요. 천에 색을 더해 포인트를 주어도 좋겠지요. 컬러가 많아지면 복잡해 보이기 때문에 전체의 균형을 보면서 조정하세요.

법칙 5 냉장실은 여유있게, 냉동실은 가득차게

우리 집에는 '조미료와 가루는 개봉하면 냉장실에' 넣는 법칙이 있습니다. 간장과 향신료, 밀가루, 빵가루 등도 개봉 후 냉장하면 품질을 장기간 유지할 수 있고 해충의 염려도 없지요. 또한, 어지럽게 뒤섞인 조미료가 내뿜는 생활감에 시달릴 일도 없어집니다.

'냉장실이 가득 차지 않나요?'라는 질문을 자주 듣는데, 식재료는 주로 냉동실에 보관하므로 문제가 없더라고요. 냉동실을 꽉 채워 활용하면서부터 유통 기한 때문에 식재료를 못 쓰게 되는 일이 줄어들었어요.

게다가 이런 장점도 있습니다. 냉장실에 빈 공간이 생겨 절전이 되고, 냉동실은 언 식재료들끼리 서로 냉기를 주고받기 때문에 가득 채우는 편이 절전이 됩니다. 냉장실에는 여유를 두고 냉동실을 가득 채우면 환경에도 지갑에도 도움이 되는 셈입니다.

법칙 6 그릇장도 인테리어 요소로 활용한다

유리문으로 된 그릇장은 선반 속까지 눈에 잘 띕니다. 일상적으로 사용하는 식기도 디스플레이된 인테리어라고 생각하고 진열 방법을 한번 연구해 보세요.

예컨대 가장 눈에 잘 보이는 선반에 좋아하는 식기를 두거나 '흰색과 갈색 계열 식기만'으로 색을 제한하면 세련된 분위기를 연출할 수 있어요.

서랍형 찬장을 사용하는 경우에는 관리하기 편하게 수납합니다. 자주 쓰는 식기와 손님용 식기만 분리해놓아도 관리가 매우 편해져요. 또한, 세우는 수납은 수납 환경에 따라 데드 스페이스가 생기고 안전면에서 약간 불안한 경우가 있습니다. 공간적인 이유로 반드시 세워야 한다면 전용 케이스로 칸막이를 하는 등 안전에 대한 조치를 해 두세요.

법칙 7 수납 공간 추가는 최후의 수단

집에서 보내는 시간이 길어지면서 식품 저장량이 늘어난 집도 많습니다. 저장 식품은 무심코 유통 기한을 넘기기 쉽습니다. 제대로 관리하기 위해서라도 무엇이 있는지 한눈에 알 수 있도록 정리하면서 수납해야 합니다. 우리집의 경우 서랍 한 칸 분량의 가전과 소품을 처분하고 그곳을 저장 식품 수납 공간으로 만들었어요.

무언가를 수납할 경우 수납 공간을 새로 마련하는 것은 최후의 수단. 우선은 지금 있는 것을 살펴보고 줄일 수 있는지부터 고민하세요. 주방에 있는 아이템을 모두 사용하는 사람은 사실 별로 없습니다.

필요없는 것이 분명 있을 거예요. 물건이 줄어들면 동선이 원활해져 주방을 편리하게 사용할 수 있어요. 이전까지 꺼내 놓고 쓰던 물건을 수납할 수 있다는 점도 기분 좋은 포인트.

무엇보다 몸과 마음이 상쾌해지고 마음에 여유가 생기는 것이 가장 큰 장점입니다. Chapter 1의 법칙 5의 순서를 참고하여 물건을 줄이는 수납에 힘써보시기 바랍니다.

pick up 펜던트 조명을 사용해 본다

기능성이 요구되는 주방이지만 디자인이 예쁜 조명을 써보는 것도 좋습니다. 인기 많은 펜던트 조명은 대부분의 주방과 잘 어울려요.

크기가 클수록 강한 인상을 주므로 주방의 넓이와 인테리어의 균형을 고려해 선택하세요. 기분이 좋아지는 조명이 있으면 주방에 있는 시간이 더욱 즐거워질지도 모릅니다.

구역

3

침실

Bed room

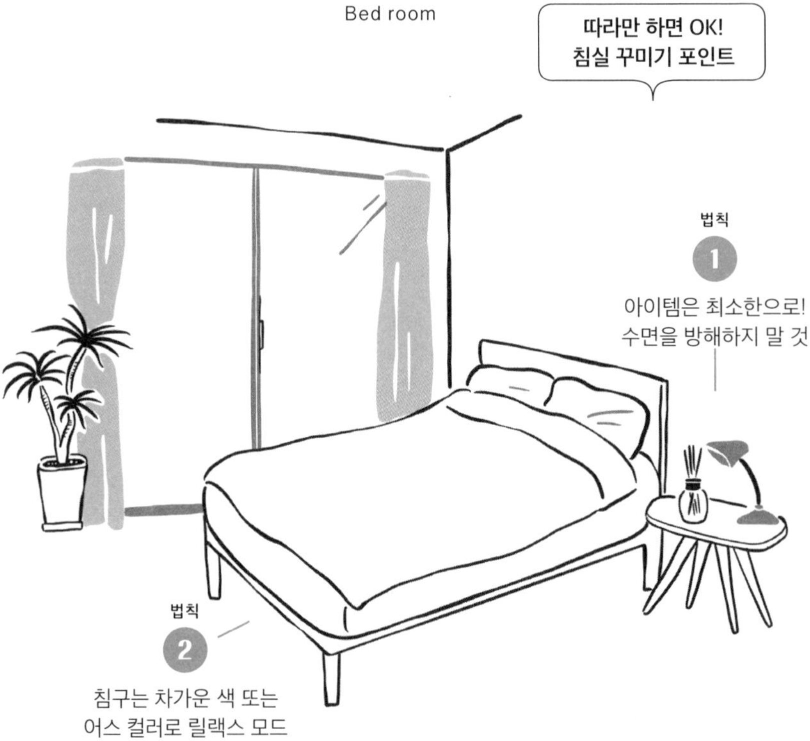

일상의 피로를 풀고 새로운 아침을 맞이하는 침실.
다른 어떤 방보다도 사적인 공간이므로 '얼마나 편히 쉴 수 있는가'가 포인트다.
인테리어의 힘으로 편안한 수면과 기분 좋은 아침을.

법칙 1 아이템은 최소한으로! 수면을 방해하지 말 것

침실은 마음을 안정시키고 느긋하게 쉬는 장소. 편안한 수면을 위해서 장식물을 줄이고 최대한 심플한 코디를 하는 것이 기본입니다.

머리맡에 장식물이 많거나 높은 선반에 물건이 많으면 안전 면에서도 걱정이 됩니다. 소품을 둔다면 보기에 귀엽고 기분 좋은 잠을 부르는 아로마 제품을 추천합니다.

법칙 2 침구는 차가운 색 또는 어스 컬러로 릴랙스 모드

일반적으로 파란색 등의 한색계 컬러는 부교감 신경을 항진시키는 작용을 해 진정 효과를 기대할 수 있다고 합니다. 침구나 커튼은 이러한 색의 효과를 의식해 고르는 것도 추천.

마음을 안정시키는 브라운 계열의 어스 컬러나 차분한 분위기의 그레이시 컬러도 침실에 어울리는 색상입니다. 물론 자신이 안정감을 느낀다면 따뜻한 색 계열의 컬러를 메인으로 해도 좋아요.

구역

4

워크스페이스

Workspace

원래부터 재택근무를 하던 사람은 물론이고, 원격 근무가 늘어난 탓에
새롭게 간이 업무 공간을 만들게 된 사람도 많습니다.
온·오프 전환을 확실히 하면서
주변 인테리어와도 조화를 이루는 공간을 만들어 보세요.

법칙

1 공용 공간과 적당히 조화되도록 신경 쓴다

가족과의 공용 공간에 워크스페이스를 만든다면 아이템의 톤을 맞추는 것이 이상적입니다. 사무용품 느낌이 강한 PC와 프린터는 천으로 커버링 하거나 거실에서 보이는 위치에 관엽식물을 두기만 해도 느낌이 매우 달라집니다.

하지만 그 물건들이 배우자의 것이라면 취향을 맞추라고 강요하는 게 서로에게 스트레스가 될 수 있습니다. 일하기 편한 환경을 중시하면서 적당한 조화를 이루는 것이 좋습니다.

법칙

2 이동 가구로 온·오프를 원활하게

식탁을 업무용 테이블로 쓸 경우 식사 때마다 정리를 해야 해서 번거롭습니다. 조금만 방심하면 테이블이 자료로 어질러지기 십상이거든요. 그럴 경우에는 바퀴 달린 왜건에 업무 도구를 정리해 넣으면 휴대가 간편하고 온·오프 전환도 할 수 있어 일석이조.

일시적으로 재택 근무를 하고 있는 사람은 언제든 일반적인 근무 스타일로 돌아갈 수 있으므로 가구는 다른 용도로 활용할 수 있는 제품이나 처분하기 쉬운 것으로 갖추는 것이 좋겠지요.

구역

5

아이방

Children's room

무럭무럭 자라는 아이들을 위해 쾌적하고 즐거운 아이방을 만들어 주고 싶다. '어른의 시선'과 '아이의 시선'을 잘 배분해 아이가 편안하게 지낼 수 있도록 도와주자.

법칙

1 아이의 시선 or 어른의 시선? 우선순위를 정한다

아이방을 만들 때는 우선 전체적인 톤을 어른의 시선으로 만들 것인지 아이의 시선으로 만들 것인지를 정해 두면 원활하게 인테리어를 결정할 수 있습니다.

어른의 시선으로 만든다면 전체적으로 차분한 분위기로 다른 방과 톤의 차이가 별로 없는 방을 만들어도 됩니다. 아이의 시선으로 생각한다면 아이가 좋아하는 색을 많이 사용해 즐거운 분위기의 공간을 만들어야겠지요. 색채 감각이 길러지는 시기이기도 하므로 아이의 방은 풍부한 색채로 코디네이트하는 것도 좋은 선택입니다.

그래도 균형을 맞추는 것은 중요합니다. 어른의 시선일 때도 자녀의 취향에는 귀를 기울여야 하며, 지나치게 아이의 의견을 우선해서 캐릭터 제품이 무한히 늘어나는 것도 문제라고 생각해요. 가족끼리 대화를 나눠가며 아이방에 꼭 맞는 균형점을 찾기 바랍니다.

자녀가 독립하고 부부 단둘이 사는 시기에 '아이방'을 창고방으로 만드는 경우도 있습니다. 하지만 별로 추천하고 싶지 않습니다. 한번 '창고방'이 되어버리면 나중에 정리하기가 상상 이상으로 힘들거든요. 빈 방에 물건을 둔다면 이동식 왜건으로 바로 이동할 수 있을 정도의 양만 두는 것이 좋습니다.

법칙

2 수수한 컬러로 코디네이트

어른의 시선으로 꾸미는 아이방에는 그레이시 컬러를 비롯한 수수한 컬러를 추천합니다. 아이들이 좋아하는 파랑과 핑크 등의 색상은 수수한 컬러와도 잘 어울려요. 아이들은 금방금방 취향이 변하기 마련.

라벤더 색을 좋아한다고 했다가 다음 해에 물어보면 싫어하는 색이 되기도 하거든요(웃음). 아이의 취향이 변덕스럽다는 점도 고려하세요.

법칙

3 수납은 아이의 시선으로 생각한다

손이 쉽게 닿는 위치는 어른과 아이가 다릅니다. 부모에게는 최적의 수납 장소지만 아이에게는 까치발을 해야만 닿을 수 있어 정리하기 어려운 장소일 수도 있습니다.

또한 뭐든 많이 들어간다고 커다란 장난감 상자나 수납 케이스를 사용하는 것도 주의해야 합니다. 얼핏 보기에는 정리된 것 같지만 수납 케이스 자체가 무거우면 아이가 제자리에 갖다 놓기 어렵습니다.

아이가 들 수 있는 크기와 무게의 케이스를 활용하고 어디에 무엇을 넣을지를 아이의 시선으로 생각하세요.

아이의 성장과 함께 시선이나 동선도 변합니다. 키가 컸는데 수납 공간이 계속 낮은 위치에 그대로 있으면 사용하기 어렵다고 느낄 수 있어요.

만약 아이가 책가방을 항상 바닥에 내던지는 습관이 있다면 수납 장소가 시선이나 동선과 맞지 않아서일 수 있습니다.

아이방의 수납 공간은 반드시 정기적으로 확인하세요. 아이의 성장을 느낄 수 있는 즐거운 작업이기도 합니다.

법칙

4 '리셋'을 기억할 수 있는 방 만들기

아이들에게 정리하는 법을 가르칠 때 중요하게 생각하는 것은 바로 '정리된 상태가 정상이라는 것을 직접 느끼게 하는 것'입니다.

아이가 어릴 때는 방이 어질러지는 것이 당연하지요. 매일 완벽하게 정리해 둘 필요는 없지만 며칠에 한 번 정도 '정리' 타이밍을 만들어 '장난감은 여기에 돌려놓자'라고 이야기해서 방의 원래 모습이 어떠해야 하는지를 가르치는 것이 중요합니다.

항상 어딘가가 어질러진 채로 '이것이 정상이다'라는 인식이 싹트면 어른이 되었을 때 정리의 벽이 높게 느껴질 수밖에 없어요. 자주 리셋을 실천해 방을 깨끗하게 유지하는 습관을 길러주세요.

구역

6

현관

Entrance

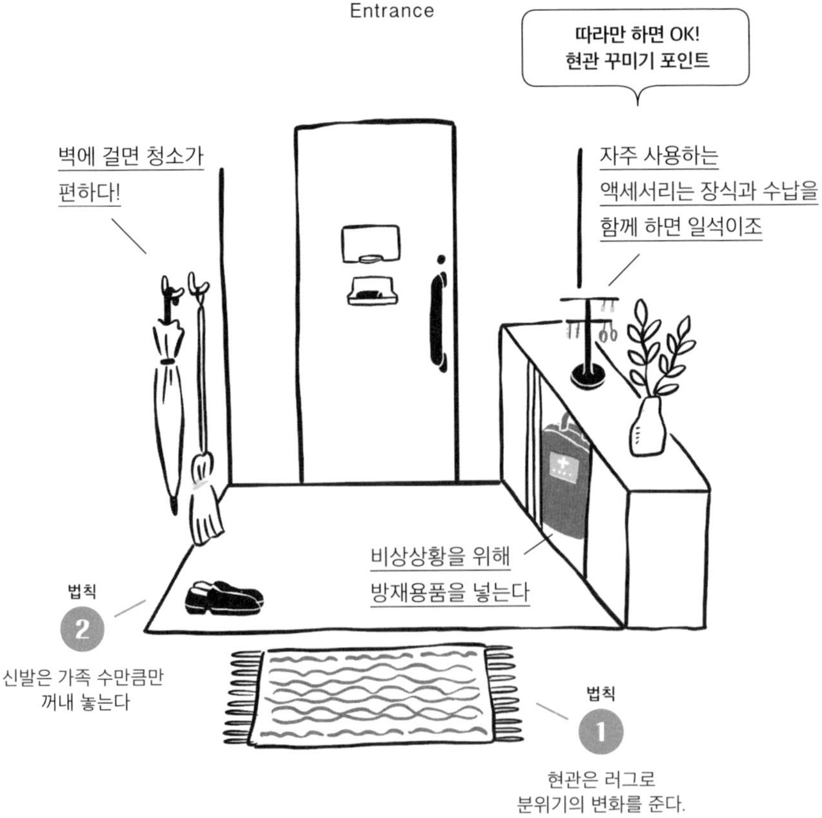

현관은 그 집의 첫인상을 결정하는 곳.
동시에 '다녀오겠습니다'와 '다녀왔습니다'가 교차하는 장소이므로
멋과 기능성을 겸비한 공간으로.

법칙 1 현관은 러그로 분위기의 변화를 준다

현관의 인상을 결정짓는 것은 뭐니뭐니해도 러그. 바닥 색깔이 마음에 들지 않거나 왠지 어두운 느낌이 나는 현관도 러그 한 장으로 인상을 바꿀 수 있습니다.

좁은 공간이라 도전이 쉽다는 것도 장점! 거실에서는 주저하게 되는 화려한 무늬의 러그도 작은 사이즈로 커버되는 현관이라면 쉽게 도전할 수 있습니다.

법칙 2 신발은 가족 수만큼만 꺼내놓는다

현관에는 가족 수만큼의 신발만 꺼내 놓습니다. 그 이상이 되면 복잡한 느낌이 들고 무엇보다 청소가 힘들어져요. 현관에 두는 물건은 최소화하는 것이 좋습니다. 세련된 아이템은 러그와 관엽식물 하나면 OK.

실용면에서는 자주 사용하는 액세서리나 세련된 병에 옮겨 담은 소독액을 선반에 두어도 됩니다. 우산 수납은 현관의 넓이에 따라 다르지만, 청소 하기 편하려면 벽에 거는 것을 추천합니다.

마스크는 현관에 마그넷 케이스나 후크를 달아 수납하면 외출시 잊어버리지 않아 편리해요.

구역

7

세면실·욕실·화장실

Washroom, Bathroom, Restroom

따라만 하면 OK!
세면실·욕실·화장실 꾸미기 포인트

법칙 1
청결이 최고!

법칙 2
꺼내 놓고 쓰는 물건은
비주얼을 정돈한다

법칙 3
세탁용품은
스테인리스가 최강

법칙 4
화장실은 실용적인
디자인을 도입한다

법칙 5
청소는 멀티형 세제
1병으로 해결한다

법칙 6
욕실 수납은 '바닥에서
띄우는 것'이 기본.

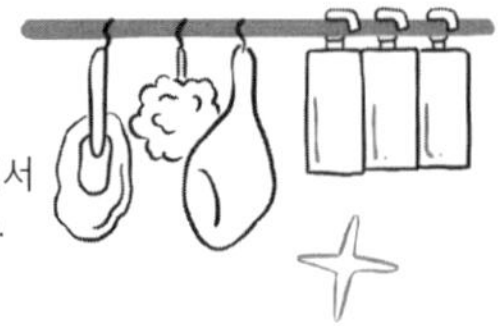

세면실 · 욕실 · 화장실이 깨끗하면 마음도 가벼워진다.
물건이 많아서 조금만 방심하면 생활감이 단번에 드러나는 장소이므로
수납과 소품에 아이디어를 더해 청결을 유지하자

법칙

1 청결이 최고!

세면실·욕실·화장실 인테리어에서 가장 중요한 것은 청결. 자질구레한 생활용품이 많은 구역이지만 최대한 물건을 줄이고 자주 청소하기 쉬운 깔끔한 공간을 유지해보세요.

청결의 상징인 흰색이나 실버를 메인 컬러로 하고, 작은 관엽식물을 두어 산뜻함을 더하는 것도 좋습니다. 창문이 있다면 빛을 막지 않도록 하고, 특히 창 주변에는 물건을 두지 않는 것이 좋습니다.

법칙

2 꺼내 놓고 쓰는 물건은 비주얼을 정돈한다

항상 꺼내 놓고 쓰는 생활용품은 인테리어 소품이라 생각하고 비주얼을 정돈하세요. 쉬운 아이디어로는 세면대의 핸드워시, 욕실의 샴푸와 바디샴푸 등을 스타일리시한 수납용기에 담아 사용하는 것입니다.

또한 핸드타월과 목욕 매트 등의 컬러 톤을 통일하면 공간이 깔끔하게 정리되어 보입니다. 드라이어 등의 가전을 꺼내 놓고 쓰는 경우에는 교체할 시기가 되면 디자인이 예쁜 것으로 바꿔보는 것도 좋아요.

법칙 3 세탁용품은 스테인리스가 최강

옷걸이나 빨래집게, 빨래 건조대 등은 생활감이 물씬 풍기는 아이템. 이것들을 과감하게 모두 스테인리스로 통일하면 생활감이 덜어지고 세련된 느낌을 줄 수 있어요. 내구성과 녹 방지 성능이 뛰어난 스테인리스는 가성비도 좋습니다.

우리집은 실내 건조 시 스테인리스 옷걸이에 옷 색깔이 그러데이션되도록 널어 둡니다. 이렇게만 해도 집이 덜 어수선해보여 마음이 가벼워지거든요.

법칙 4 화장실은 실용적인 디자인을 도입한다

화장실을 다양한 인테리어 소품으로 꾸미는 경우도 많지만 솔직히 심플한 화장실이 관리하기 훨씬 편합니다. 저의 경우 청소와 관리가 힘들어서 화장실 매트도 쓰지 않는 편입니다. 세련되게 장식하고 싶다면 예쁜 휴지걸이를 놓거나 화장실 솔을 스타일리시한 것으로 사는 등 실용성까지 겸한 아이템을 권합니다.

화장실은 청결과 청소의 편리함을 최우선으로 하고 좋아하는 스타일로 자유롭게 꾸미는 것도 좋을 것입니다.

법칙

5 청소는 멀티형 세제 1병으로 해결한다

화장실용, 욕실용, 주방용에 배수구용……. 정신을 차려보니 싱크대 밑이 각종 세제로 넘쳐나고 있다! 그렇다면 멀티 클리너 타입의 세제를 사용해 보면 어떨까요? 장소마다 다른 세제를 구분해서 쓴다면 물건도 늘고 집도 지저분해지기 쉬워요.

멀티 클리너로 여러 곳을 청소할 수 있다면 집안일 자체도 훨씬 편해집니다. 물론 사용감이 좋지않을 때는 '세제는 구분해서 사용'해도 좋습니다.

법칙

6 욕실 수납은 '바닥에서 띄우는 것'이 기본

욕실의 청결을 유지하려면 물때나 곰팡이의 번식을 막기 위해 물건을 가능한 한 바닥에서 띄워야 합니다. 가장 간편한 자석 수납을 비롯해 샤워 선반이나 S자 후크 등 다양한 수납 아이템을 활용해보세요.

바디워시나 샴푸 등을 세련된 용기에 덜어 쓸 경우, 용기는 흰색 등의 밝은 색을 추천합니다. 진한 색은 스타일리시한 분위기를 연출하지만 물때가 눈에 잘 띈다는 단점도 있습니다.

Column

2

복도는 하얀 캔버스!

복도는 의외로 인테리어를 간과하기 쉬운 공간입니다. 그래서 센스 있게 장식한 복도를 보면 '멋진 집이구나' 하는 인상을 받게 되지요.

어른 1명이 여유 있게 지나갈 수 있는 정도의 복도라면 양면보다 한 면을 장식하는 것이 정답. 우선은 사진이나 포스트 카드 등 좋아하는 장식 아이템을 꾸며보세요. A4 보다 작은 크기의 아이템 3장을 동일한 간격으로 나열해 꾸미거나(Chapter 1 법칙 6 '늘어놓기 법칙'.) 드라이플라워를 함께 장식해도 멋있어요.

디자인과 실용성을 겸비한 아이템은 거울. 거는 위치에 따라 공간에 안길이가 생겨 좁은 복도에 개방감을 만들어 줍니다. 외출 전 차림새를 체크할 수 있는 것도 즐거운 포인트. 작은 크기의 거울 몇 개를 포인트로 장식하는 것도 귀엽습니다.

성인 2명이 지나갈 정도의 넓은 복도라면 양면을 장식해도 좋습니다. 선반을 놓고 그 위에 소품을 장식하거나 갤러리 공간처럼 보여주는 것도 좋아요. 뜻밖에도 인테리어 효과가 높은 것은 모자 등을 거는 월 후크. 북유럽풍 디자인이나 빈티지한 것 등 다양한 디자인이 나와 있으니 고려해 보세요.

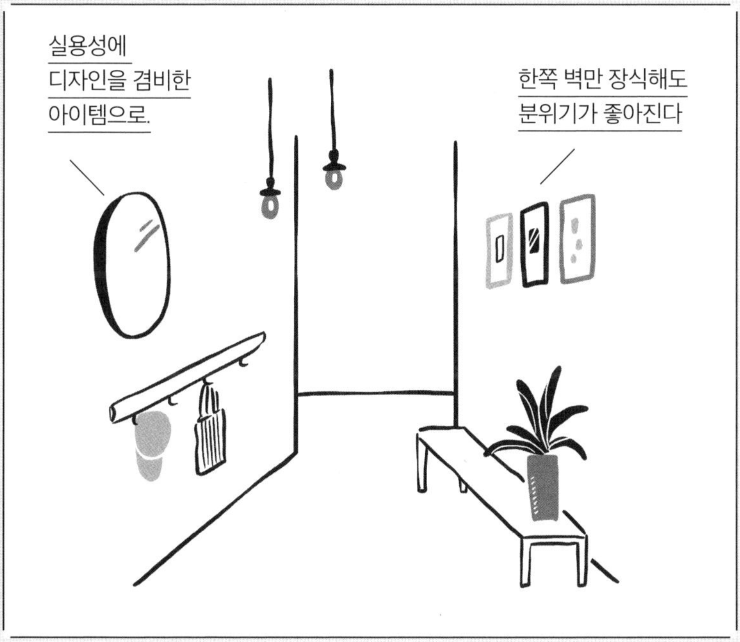

실용성에
디자인을 겸비한
아이템으로.
한쪽 벽만 장식해도
분위기가 좋아진다

드라이플라워와 거울 등
작은 아이템을 나란히
놓아 귀여운 포인트로

Column

2

잔디 매트를 깔고 관엽식물과 식물 모티브의
벽 스티커를 조합하면 우리 집 그린 갤러리 완성!
아이가 밖에서 놀기 어려운 날씨에도 공원풍의 공간이 있으면
집안에서 즐거운 시간을 보낼 수 있다.

Chapter 3

세련되어 보이는 '조금 더하기'의 기술

집을 더욱 업그레이드시켜 줄
'조금 더하기'의 기술을 소개합니다.
재치를 더해 집에서의 시간을 더욱 풍요롭게.

① 관엽식물 · 꽃을 조금 더하기

식물은 집에 들이기만 해도 금방 생기가 도는 훌륭한 아이템입니다. 크기가 적당하고 자리를 차지하지 않으며, 어떤 공간에도 잘 어울리는 삼박자를 두루 갖춘 관엽식물과 꽃을 선택하고 장식하는 비결을 소개합니다.

관엽식물의 종류가 다양해 무엇을 골라야 할지 고민이라면 각각이 가진 느낌의 차이를 참고해보세요. 잎 모양이 둥글면 사랑스러운 분위기를 연출하고, 가늘고 직선적이라면 모던하고 스타일리시한 느낌을, 가늘지만 곡선적이라면 부드러운 느낌을 줍니다.

잎의 색과 크기도 주목하세요. 잎이 작고 짙은 녹색은 존재감이 그다지 강하지 않아 차분한 방에 잘 어울립니다.

대표적인 것으로는 성숙한 분위기의 '휘카스 버건디(검은 고무나무)'가 있습니다. 반면에 잎이 크고 밝은색의 '몬스테라'나 '움베라타' 등은 존재감이 있어 방이 환하게 밝아져요.

관엽식물이 처음이라면 테이블 크기의 작은 것부터 시작해 보세요.

휘카스 버건디

꽃을 장식할 때 균형 잡힌 꽃꽂이를 위해 간단한 법칙을 몇 가지 기억해 두면 편리합니다. 우선은 꽃병 입구의 70~80% 정도가 차도록 꽃을 꽂습니다. 그리고 꽃의 3분의 1 이상이 잠기는 높이의 화병을 선택합니다. 어렵다면 대충 1대 1 정도의 비율로 맞춰도 괜찮아요.

우선은 한 송이 꽃부터 장식하기 시작해 단계를 높여나가도 좋습니다. 그럴 때 작은 꽃 한 송이와 중간 크기의 화병이 있으면 요긴하게 쓸 수 있어요.

색은 투명이나 흰색, 회색을 고르면 무난합니다. 화병은 꽃을 꽂지 않아도 그 존재만으로 인테리어가 되는 훌륭한 아이템. 정교한 디자인과 색으로 즐겨도 좋고, 안에 오브제를 넣어 디스플레이하는 것도 좋으니 다양하게 즐겨보세요.

디자인이 예쁜
화병은 그 자체로
멋진 오브제

심플한 원기둥
화병에
꽃 한 송이면
만능 인테리어!

② 드라이 플라워 · 나무를 조금 더하기

식물을 키울 자신이 없거나, 그런 수고를 하고 싶지 않은 분이라면 말린 식물을 활용하는 방법도 있습니다.

최근에는 드라이 트리 같은 나뭇가지가 인기. 벽의 빈 공간에 아름다운 가지 모양이 투영되면 방이 예술적인 공간으로 변합니다.

단, 말린 나뭇가지를 장식할 때는 화병 선택에 주의해야 합니다. 무게가 있고 안정감 있는 디자인이 아니면 쓰러질 위험이 있거든요. 안전상 사람의 이동이 많은 장소에 두는 것도 피하는 것이 좋습니다.

드라이 플라워는 스웨그(꽃을 다발로 묶어 벽에 거는 장식법)가 일반적입니다. 하지만 선반에 자연스럽게 놓아두기만 해도 훌륭한 인테리어가 됩니다.

작은 병을 3개 정도 나란히 놓고 각각 다른 종류의 드라이 플라워를 소량씩 장식해도 귀엽습니다.

+ Dry flower & Tree

③ 브래킷 라이트를 조금 더하기

브래킷 라이트는 벽에 붙이는 형태의 조명입니다. 공간을 훨씬 세련되게 만들고 플로어 라이트처럼 자리를 차지하지 않으므로 최근 매우 인기가 높은 아이템입니다.

메인이 아닌 보조 조명의 하나로 어떤 공간과도 궁합이 잘 맞아요. 거실의 소파 근처나 침실의 침대 옆에 독서등으로, 현관이나 복도에 포인트로 설치해도 분위기가 있어요. 살풍경한 벽을 장식하고 싶을 때 포스트 카드나 그림과 조합해 설치해도 멋스러워요.

+ Bracket light

임대주택의 경우에는 벽이나 천장에 구멍을 뚫지 않고 기둥을 설치할 수 있는 DIY 아이템을 활용해 기둥을 만들면 콘센트 타입의 브래킷 조명을 설치할 수 있습니다.

DIY가 어렵다면 어디에나 설치하기 쉬운 클립 조명을 이용하면 브래킷 라이트와 비슷한 효과를 얻을 수 있어요.

④ 포스터·포스트 카드를 조금 더하기

멋진 방에는 반드시 있는 포스터나 포스트 카드. 어디에 어떤 것을 장식하는가에서 그 사람의 센스가 드러납니다. 집의 인상을 업그레이드시켜줄 한 장을 선택하는 법과 장식하는 법을 알려드릴게요.

기본적으로는 당신이 좋아하는 것을 장식하면 OK. 자신이 없다면 최신 트렌드를 참고해 보세요. 요즘은 선이 가늘고 곡선적인 디자인, 자연을 모티브로 한 것 등 심플하고 내추럴한 톤의 그림들이 인기. 게다가 포인트 컬러로 골드가 있으면 트렌디해집니다.

절대 실패하지 않는 방법은 색이 절제된 것을 고르는 것입니다. '모티브는 멋있지만 너무 컬러풀한' 그림은 흑백으로 복사해 장식하는 것도 좋은 아이디어.

프레임 선택도 중요합니다. 스타일리시하게 꾸미고 싶다면 검정이나 실버 프레임을, 포스터를 돋보이게 하면서 자연스럽고 차분한 분위기를 연출하고 싶다면 흰색이나 나무 소재 프레임을, 고급스러움과 트렌디함을 전면에 내세우고 싶다면 골드 프레임을 추천합니다. 프레임에 따라 달라지는 느낌의 차이도 즐겨보세요.

포스터나 포스트 카드를 벽에 장식하는 경우에는 너무 높지도, 너무 낮지도 않은 위치에. 서 있는 상태에서 그림의 중앙이 자신의 목과 가슴 사이에 오는 위치를 추천합니다.

공간이 부족하면
2장도 OK

↘ 3장 모두 같은 사이즈라면

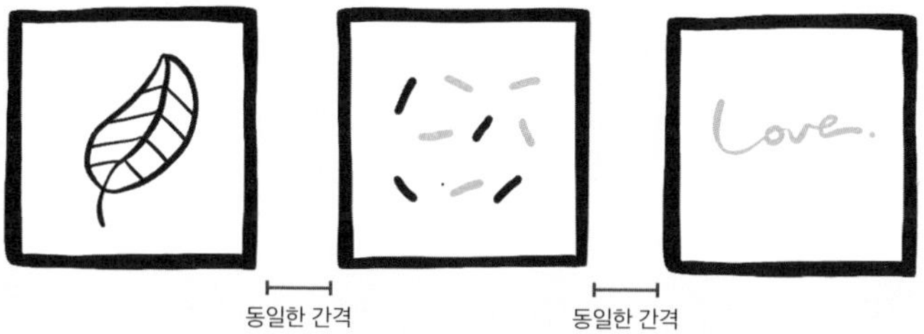

↘ 3장 모두 사이즈가 다르다면

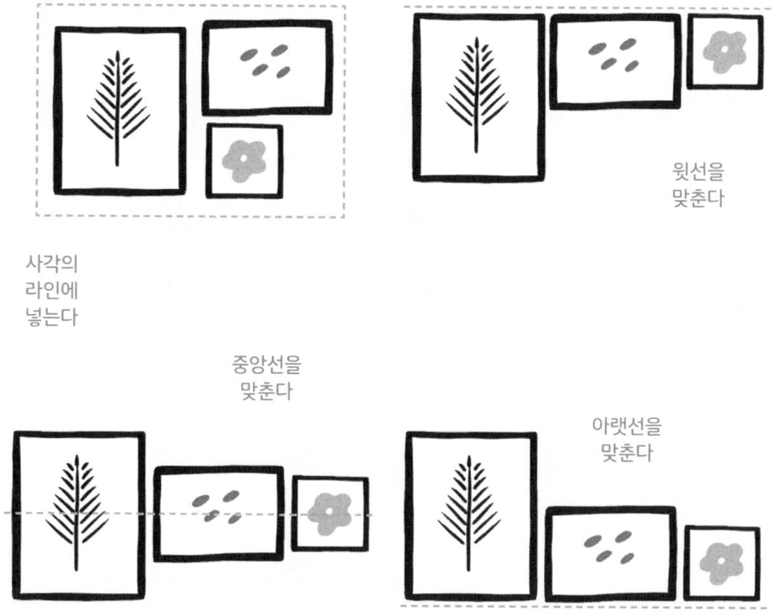

서서도 앉아서도 잘 보이고 공간에 압박감을 주지 않으므로 개인적으로는 이 높이를 좋아합니다.

여러 개를 장식하는 경우라면 배열 방식이 고민입니다. 벽의 여백에 따라 다르겠지만, 균형을 쉽게 잡으려면 3장이 적당합니다.(3은 마법의 숫자.) 3장의 크기가 같다면 '나란히 놓기 법칙(P50)'에 따라 동일한 간격으로 수평으로 나열하면 예뻐 보여요.

크기가 다르다면 라인을 맞추는 것이 깔끔하게 보이는 비결. 앞 페이지의 일러스트를 참고해 상황에 맞는 방법을 찾아보세요.

같은 간격으로 나열하지 않고 굳이 러프하게 장식하고 싶다면 그림의 중앙 라인에 맞춰 아래위로 어긋나게 배치합니다. '무심하게 배치한 듯 하지만 잘 어울리는 '계산된 무질서'를 연출할 수 있습니다.

익숙해지면 이런 테크닉을 활용해 자신만의 갤러리 월을 만드는 것도 즐거운 일입니다.

'임대주택이라 벽에 붙이기 어렵다'면 포스터를 액자에 넣어 바닥에 두면 됩니다. 포스트 카드는 선반의 바닥면에 눕혀 디스플레이하거나 투명한 유리 화병에 넣어 장식하는 것도 신선!

↘ 러프하게 보이고 싶다면

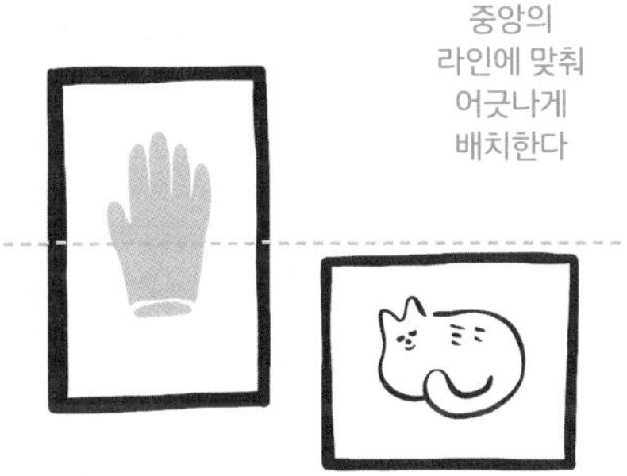

↘ 유리 화병에 엽서를 넣는다

↘ 여러 개를 장식해 갤러리 월로!

⑤ 무늬있는 물건을 조금 더하기

무늬가 있는 것을 방에 들여놓으려면 다소 용기가 필요한 법. 그렇다면 실패해도 만회하기 쉬운 작은 러그나 쿠션으로 시도해 보세요.

무늬는 취향에 따라 고르면 되지만, 고민된다면 트렌드를 따라 해도 좋습니다. 이를테면 요즘 인기 있는 것은 '페르시아 융단 무늬'. 식물과 동물 등을 모티브로 한 다양하고 섬세한 디자인, 그리고 다양한 색을 이용한 선명한 색조가 특징입니다. 곡선을 이용한 디자인도 많고 부드러운 느낌을 주는 것도 매력적이에요.

전통적인 무늬가 인상적인 '트라이벌 무늬'도 추천합니다. 유행 컬러인 어두운 빨강을 사용한 것도 많아 1장만 있어도 트렌디한 방으로 완성되지요.

'기하학적인 무늬' 역시 꾸준한 인기를 자랑하는 단골 무늬. 법칙성 있는 무늬는 모던한 인테리어와 잘 어울려 스타일리시한 분위기를 연출할 수 있어요.

페르시아 융단
무늬로 센스 업

다양한 무늬를
고르는 것도
큰 즐거움♪

⑥ 쿠션 플로어 조금 더하기

바닥의 색이 공간의 인상을 좌우한다는 것은 처음에 언급한 바와 같습니다. 공간의 이미지를 완전히 바꾸고 싶다면 쿠션 플로어(장판)를 사용해 바닥의 색을 바꾸는 방법도 있어요.

다만, 거실 등 넓은 공간의 바닥을 바꾼다면 수고도 비용도 많이 드는 데다가 DIY가 익숙하지 않을 경우 어려울 수도 있지요. 그러니 우선은 좁은 공간에서 손쉽게 리폼을 해 보는 것은 어떨까요?

쿠션 플로어가 처음이라면 현관 바닥 같은 좁고 네모난 공간을 추천합니다. 우리 집 현관도 타일풍의 쿠션 플로어를 사용하고 있어요.

화장실처럼 바닥이 울퉁불퉁한 공간은 난이도가 높으니 주의할 것. 전용 칼을 사용하면 초보자라도 깔끔하게 자를 수 있습니다.

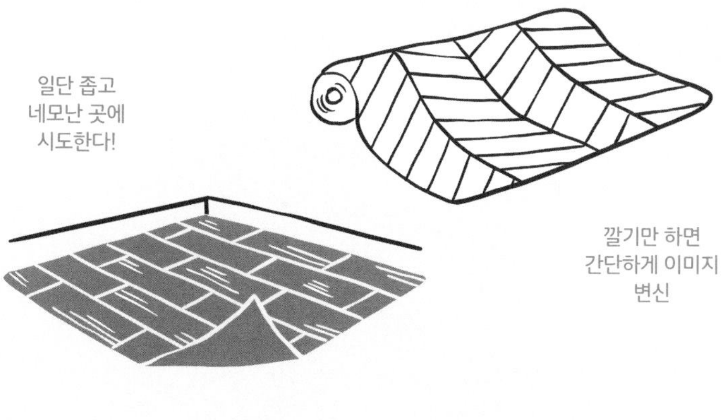

⑦ 계절 디스플레이 조금 더하기

계절이나 연중행사에 맞춘 디스플레이를 보면 왠지 설레지 않나요? 기쁜 마음으로 가족과 함께 이벤트를 즐기고 자연스레 사계절의 변화를 느낄 수 있는 공간을 보면 그 집안의 생활상을 짐작할 수 있습니다.

계절용품의 문제는 모처럼 모은 아이템을 한때만 사용한다는 것. '내년에도 사용해야지'라고 생각하지만 취향은 변하게 마련이고 1년간 수납해두려면 장소도 필요하지요. 그래서 추천하는 것이 일상적으로 활용할 수 있는 아이템을 적극적으로 사용하는 것입니다.

이를테면 어린이날이나 할로윈 데이 같은 이벤트를 모티브로 한 귀여운 포스터를 액자에 넣어 장식하는 것이죠. 안에 들어가는 포스터를 바꾸면 액자를 재활용할 수 있고 평소에는 좋아하는 포스터를 넣어 활용할 수 있거든요.

캔들도 어느 이벤트에서든 두루 활용할 수 있는 범용성 높은 아이템입니다. 크리스마스나 할로윈 데이 등에 캔들을 코튼볼과 조합해 디스플레이하면 귀여워요.

드라이 트리도 잘 활용하면 효과적입니다. 빨간색 허니컴 볼을 함께 달면 스타일리시한 연말연시 인테리어가 됩니다.

가지고 있는 아이템으로 꾸밀 수 있고, 새로 구입하더라도 두루 쓸 수 있는 물건이라면 계절 디스플레이의 장벽이 훨씬 낮아질 거에요.

가까이 있는 아이템으로 코디할 수 있다면 아이디어도 무한대. 부디 가족과 함께 즐겨보기 바랍니다.

⑧ '일부러' 이것저것 조금 더하기

일부러 본래의 용도와 다르게 사용해본다

이를테면 제가 벌써 몇 년째 쓰고 있는 공구함은 원래 용도는 공구를 담는 곳이지만 저렴한 수납 케이스를 넣어 보석상자로 활용하고 있습니다.

'○○통'이라는 이름에 얽매이지 말고 '이런 식으로 써 보자'는 발상과 유연성을 중시하면 더욱 자유롭게 인테리어를 즐길 수 있어요.

'세탁 바구니는 세탁물을 넣는 물건', '싱크대 밑 수납 용품은 싱크대 밑에서 쓰는 물건'……. 그런 고정관념을 버리고 다양한 활용법을 궁리해보세요.

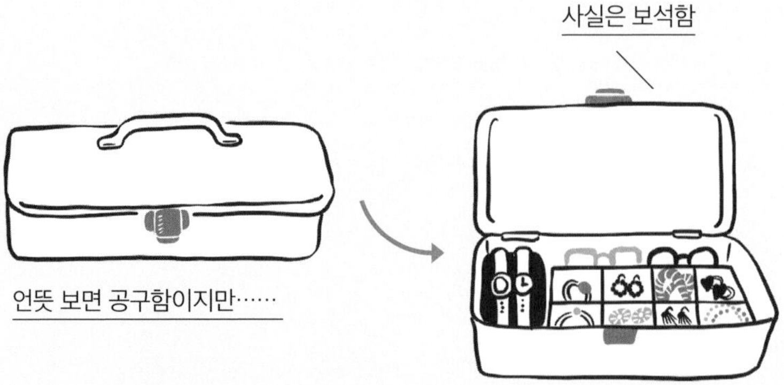

일부러 디자인이 다른 식탁 의자를 구비한다

식탁 의자를 각각 다른 디자인으로 구비하면 캐주얼 다운되어 세련된 느낌을 줍니다. 각각의 색과 소재가 달라도 분위기가 크게 다르지 않다면 생각보다 이질감이 없거든요.

다만 의자의 폭에는 주의해야 합니다. 넣고 뺄 때 서로 이웃한 의자끼리 부딪치지 않도록 공간에 여유가 있는 사이즈를 고르세요.

트렌드 제품을 작은 인테리어에 활용한다

거실의 큰 가구는 심플 & 베이직한 분위기가 기본. 하지만 스툴이나 카페 테이블 같은 작은 가구라면 트렌드를 반영해 도전하는 방법도 있습니다.

'작다'는 기준은 처분할 때 재활용으로 쉽게 내놓을 수 있고 혼자 운반할 수 있을 정도의 무게와 크기를 말합니다.

Column 3

나의 친애하는 아이템을 소개합니다

직업상 다양한 가구와 소품을 만날 기회가 많습니다. 귀여운 것, 편리한 것, '약간 별로'라고 생각하는 것…….

이루 다 헤아릴 수 없는 많은 만남을 거쳐 이제는 우리 집에 꼭 필요한 존재가 된, 제가 사랑해 마지않는 5개의 아이템을 소개합니다.

WOODPRO의 OLD ASHIBA

주문 선반

WOODPRO는 비계판의 고재를 재활용하는 가구 제조업체. 자연스러운 목재의 질감을 느낄 수 있어 매우 좋아해요.
원래는 주방 수납에 사용하다가 지금은 거실로. 오픈 선반이라 칸막이로도 활용할 수 있기 때문에 위치를 바꿔가며 즐기고 있습니다.
내추럴한 분위기는 어떤 인테리어와도 찰떡궁합. 원하는 사이즈로 주문할 수 있기 때문에 우리 집은 세면대로도 애용하고 있어요.

이케아 빨래 바구니

BRANKIS / 브랑키스

인테리어 디자이너로 일할 때 알게 되어 구입한 아이템. 세탁 바구니지만 세탁물뿐만 아니라 다양한 물건을 수납할 수 있습니다.
특히 레인지 후드용 필터 등 부피가 커서 수납할 곳이 마땅치 않은 물건을 수납하기에 최적! 물론 세탁 바구니로 사용하기에도 아주 좋아요.
자연 소재로 만들어 힐링되는 느낌을 주는 외관도 포인트. 명도가 높아 존재 자체로 공간이 환하게 밝아집니다.

수납력이 좋아 물건을 보관하기에 편리!

이케아 의자

NILSOVE / 닐소베

공간을 세련되게 만드는 아이템

의자는 큰 가구에 비해 쉽게 구입할 수 있고, 방의 분위기를 확 바꿔주기 때문에 가끔 마음에 드는 것을 골라 구입합니다. 이것은 딱 그런 식으로 발견한 아이템. 완만한 곡선과 자연 소재의 부드러운 분위기에 첫눈에 반했어요.
손으로 엮은 것이라 성긴 틈이 있으므로 방 분위기가 무거워지지 않는다는 것도 마음에 들어요. 식탁 의자나 촬영용 아이템으로 활용하고 있습니다.

Column 3

Fine Little Day의
전나무 무늬 쿠션 커버

싫증나지 않는
사랑스러운
존재♡

Fine Little Day는 스웨덴의 인테리어 라이프 스타일 브랜드. 크리스마스용으로 구입한 아이템이지만 의외로 사계절 내내 사용할 수 있어 편리한 쿠션 커버입니다.
북유럽스러운 전나무 무늬는 너무 무겁지도, 너무 유치하지도 않아서, 정말로 딱 적당히 사랑스러워요.
모노톤이라 어떤 인테리어와도 잘 어울리고 공간의 포인트가 됩니다. 몇 년 전에 구입했지만 아직 싫증 나지 않아 잘 쓰고 있어요.

어디에도
잘 어울리는
우리 집의 일원

프랑스 고무나무

사실 저는 식물 키우는데 서툴러요. 지금까지 여러 개의 식물을 말라 죽게 했지만 이 프랑스 고무나무만은 언제나 건강한 우리 집 멤버가 되었습니다.
프랑스 고무나무의 특징은 잎이 작고 녹색이 진하다는 점. 아주 강한 인상이 아니므로 어떤 인테리어와도 잘 어울립니다. 굽은 수형도 오브제처럼 귀여워요!
관리가 편하다는 점도 높은 점수를 주고 싶어요(웃음).

Chapter 4

이럴 때 어떻게 하면 좋을까? 모두의 Q&A

많은 분이 자주 질문하는 인테리어 고민을 소개합니다.
제 대답이 '정답'이라기 보다 '이렇게 생각할 수도 있구나'라는 힌트가 되기를 바랍니다.

Q1

아이가 어릴 때 멋진 집을 꾸미는 건 역시 힘들까요……?

A 조급해하지 말고 조금씩 완성해 가는 것이 중요합니다.

'이상적인 집은 당장 완성되는 것이 아니다'라고 마음먹고 가능한 범위에서 마음에 그리는 이미지를 조금씩 형상화하세요. 육아가 끝나 여유가 생기면 인테리어에 많은 시간과 노력을 들일 수 있거든요.

지금은 그때를 위한 연습이라 생각하고 무리 없이 할 수 있는 범위 내에서 편안한 집 꾸미기를 즐겨 보세요.

Q2

사 놓고 쓰지 않는 잡화, 버려야 할까요?

A 빛을 볼 날이 올 때까지 잠시 놔둬도 괜찮습니다.

사용할 곳이 없는 잡화라도 저는 바로 처분하지 않습니다. 마음이 바뀌면, 생각지 않게 활용할 일이 생기기 때문입니다.

'맞지 않는다'고 바로 처분하지 말고 언젠가 빛을 볼 날이 오리라 믿고 잠시 간직해 두세요. 몇 년이 지나도 차례가 오지 않는다면 그때 처분을 검토합니다.

필요 없던 수납 케이스를 냉장고나 차 안에서 뜻밖의 용도로 사용하는 경우도 있습니다.

Q3

취향에 자신이 없어요. 센스를 갈고 닦으려면 어떻게 해야 할까요?

A 너무 정답만 찾지 말고 '즐기기'를 잊지 마세요.

많은 분들이 이렇게 말하지만 집을 방문해 보면 멋스럽게 꾸민 경우가 많아요. '익숙함'이나 '싫증' 때문에 그렇게 느끼고 있을 가능성도 있습니다. 스스로 느끼는 것만큼 '센스가 없는' 경우는 없어요.
너무 완벽하려 하지 말고, 너무 정답을 찾지도 말고, '즐기기'를 잊지 않았으면 합니다. 감성의 폭을 넓히고 싶다면 다양한 인테리어 사진을 보는 등 정보를 얻을 것. 저도 자주 해외 SNS나 인테리어 책 등을 보며 자극을 받고 있습니다.

Q4

물건 많은 공간이 편안하기는 하지만 멋있다고 할 수 있을까요?

A 물론입니다!

멋진 공간이란 물건이 적은 공간이 아닙니다. 어떤 식으로 자신의 취향을 발견하고 그것을 형상화했느냐가 중요합니다. 자신과 가족이 편하게 느낀다면 물건이 많아도 문제없습니다. 다만, 잡다한 인상을 주지 않도록 색의 수를 제한할 것, 전체의 톤을 통일할 것, 그리고 물건이 많은 장소와 적은 장소에 변화를 주는 것도 잊지 마세요.

Q5

가구를 한 세트 장만하려고 하는데 무엇을 고려해야 할까요?

A 우선은 예산 편성부터. 살 때는 꼭 사이즈를 확인하세요.

우선은 예산을 정합니다. 그 다음, 무엇이 필요한지를 써보고 예산과 대조하며 인터넷으로 원하는 물건을 찾아봅니다. 갖고 싶은 물건을 찾았다면, 그것을 우리 집에 놓았을 때의 이미지를 머릿속으로 시뮬레이션합니다. 인테리어 3D 시뮬레이션을 할 수 있는 사이트나 어플을 활용하는 것도 추천. 그 후, 실물을 볼 수 있다면 가게에 한 번 가보세요. '예상보다 크다!'는 말이 나오지 않게 반드시 사이즈는 확인해야합니다.

Q6

버려야 정리가 된다는 것을 알지만, 도저히 버릴 수가 없어요.

A ‘왜 버리지 못하는가’를 생각해보세요.

억지로 버리지 않아도 됩니다. 왜 버리지 못하는지를 한 번 생각해보세요.
‘아까워서’ → 사용하지 않을 바에는 재활용으로 내놓는 것이 물건의 가치를 높이는 방법.

‘언젠가 쓸지 몰라서’ → 일단 전용 상자에 넣어 보관하고 처분할 수 있는지 정기적으로 재검토하세요.

‘비싼 물건이라서’ → 구입 금액을 사용한 날짜로 나누어보세요. 1일당 금액을 납득할 수 있다면 처분할 수 있을지도 모릅니다.

‘무엇이 필요한 물건이고, 무엇이 필요 없는 것인지 몰라서’ → 정리를 잘하는 친구나 전문가와 상담하는 것도 좋은 방법입니다.

Q7

가족이 물건을 쓰고 뒷정리를 안해요. 좋은 방법이 없을까요?

A 방법은 여러 가지! 완벽을 추구하지 않는 것도 중요합니다.

시간을 많이 보내는 장소 근처에 전용 바구니를 두고 물건을 일단 그 안에 넣도록 합니다. 책도 읽고 세미나에도 참석해 정리의 근본 목적에 대해 함께 배우는 기회를 갖습니다.

처음부터 완벽을 추구하지 말고, 작은 실천에 대해서도 칭찬하세요. 다음번에도 정리할 의욕이 생기도록 유도하는 것이 중요합니다.

Q8

아이의 게임기를 깔끔하게 정리하고 싶어요!

A 자녀와 함께 정기적으로 수납을 검토하세요.

손쉬운 방법은 바구니 등에 숨기는 수납을 하는 것. 또는 컬렉션처럼 진열해 정리하는 법을 가르쳐주고 그 모습을 '멋있어!'라고 칭찬해 주는 것도 좋아요.

수납을 정기적으로 검토하고 불필요한 물건은 자녀와 함께 재활용으로 내놓아 물건의 수를 일정하게 유지할 것. 지금 있는 물건이 필요한 것인지 살펴보고 처분하는 습관을 어릴 때부터 키워주세요. 평생의 자산이 됩니다.

Q9

정리 장소를 궁리 중인데 아이가 정리를 잘 못해요!

A 우선은 부모가 재미있게 치워보세요.

아이가 정리하도록 만드는 방법은 여러 가지가 있지만, 가장 효과적인 것은 부모가 재미있게 정리하는 모습을 보여주는 것입니다. 부모가 정리에 부정적인 생각을 가지고 있으면 아이에게도 옮아가게 마련.

부모의 모습을 통해 '정리는 싫은 것이 아니다'라는 이미지를 심어주세요. 어렵다면 아이가 정리했을 때 웃는 얼굴을 보여주는 것만으로도 OK.

Q10

수납 케이스를 많이 사용하면 수납이 효과적일까요?

A 물론, 수납 케이스는 필요합니다.

수납 케이스가 왜 필요할까요? 그것은 아무것도 없는 장소의 공간을 구분하기 위해서입니다.

예컨대 아무것도 없는 상태의 선반에 물건을 올려놓으면 필연적으로 포개어 놓게 되고 아래에 있는 물건을 꺼내기 어려워 매우 불편해집니다. 당연히 보기에도 아름답지 않고 어질러지는 원인이 되지요.

수납 케이스로 공간을 나누면 그런 일을 막을 수 있고, 적어도 케이스 안에서만 어질러지는 게 전부. 가지고 있는 수납 케이스가 없다면 빈 상자 등을 이용해 연습하는 것도 좋아요.

Q11

수납 케이스 안이 뒤죽박죽입니다. 수납 요령을 알려주세요!

A 칸막이를 만들어 물건이 돌아갈 장소를 정해주세요.

공간을 구분하지 않으면 물건이 어질러지는 원인이 됩니다. 수납 케이스 안에 칸막이를 만들어 주면 물건이 돌아갈 장소가 확보되어 케이스 안이 덜 흐트러져요.
예컨대 큰 수납 상자에 파일 케이스 등을 넣는 '케이스 인 케이스'를 시도해 보세요. 사이즈가 딱 들어맞지 않아도 괜찮습니다.

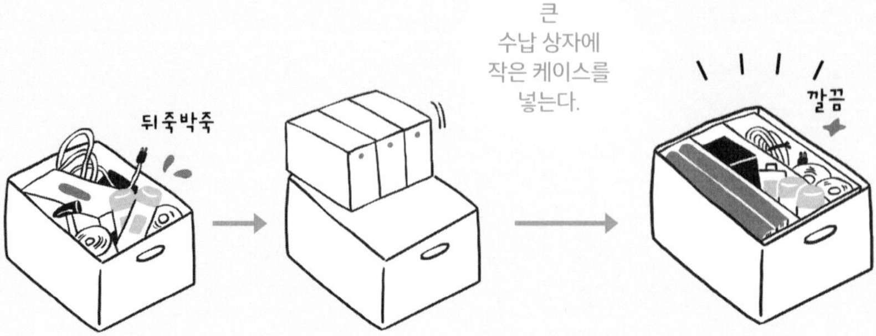

Q12

쌓이기 쉬운 서류나 편지 등 종이류는 어떻게 하면 좋을까요?

A 필요 없는 우편물은 즉시 처분!
일시 보관한 서류는 연말에 한꺼번에 처분하세요.

우편물을 받으면 즉시 '필요한 것·필요 없는 것'을 선별해 필요 없는 것은 즉시 쓰레기통으로(어딘가에 놓지 않는다!). 서류는 '미확인'과 '확인 완료'로 분류해 두고 확인된 것 중에서 불필요한 것은 처분.

보험 증서나 연금 관련 서류는 모아서 일시 보관하고 연말 대청소 때 '필요한 것 · 필요 없는 것'을 재검토합니다.

남기고 싶은 것이 많아서 곤란하다면 데이터로 저장하는 것이 편리합니다. 예컨대 사진이나 자녀의 작품 등도 데이터화하면 자리를 차지하지 않고 영원히 보관할 수 있지요.

Q13

10가지 법칙을 전부 따라야 멋진 집을 만들 수 있나요?

A 멋의 기준은 사람마다 제각각. 지금 하고 싶은 것을 우선으로 하세요.

패션이 그렇듯 인테리어 또한 최종적인 멋의 기준은 자기 안에 있습니다. 무엇이 필요하고 어떤 부분을 고집하는가는 사람마다 제각각. '이런 집을 만들고 싶다!'는 마음을 기본으로 그에 맞는 법칙부터 실천해보세요. 물론 간단히 할 수 있는 것부터 시작해 보는 것도 좋아요.

Column

4

수납 케이스 잘 고르는 법

다양한 종류가 판매되고 있는 수납 케이스. 기능도 디자인도 다양해서 어떤 것을 사야 할지 망설여집니다. 여기서는 그런 수납 케이스를 선택하는 방법에 대해 알려드릴게요.

보기 좋게 정리하고 케이스 인 케이스도 쉽게 하려면 수납 케이스는 같은 시리즈나 비슷한 모양으로 구비하는 것이 편리합니다.

나중에 같은 수납 케이스를 추가 구매할 것에 대비해 판매 중지될 위험이 적은 스테디셀러 상품을 선택하는 것이 안전하겠죠. 눈에 잘 띄는 장소에 두는 물건은 바구니나 나무 상자, 패브릭 바구니 등 인테리어적 요소가 있는 것을 믹스해 진열하면 보기 좋습니다.

소재는 관리의 편의성을 기준으로 선택하는 것이 나중을 위해 좋아

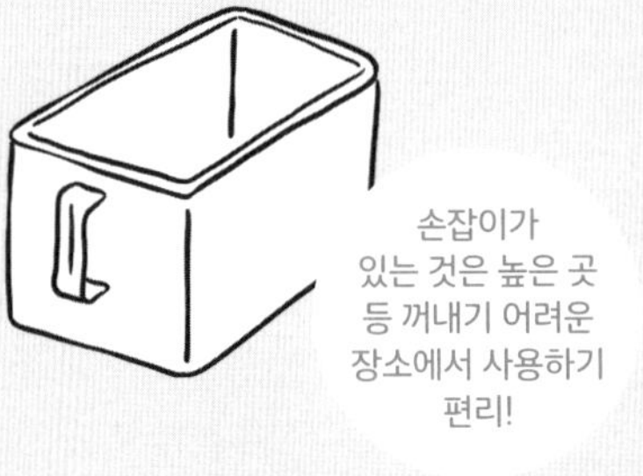

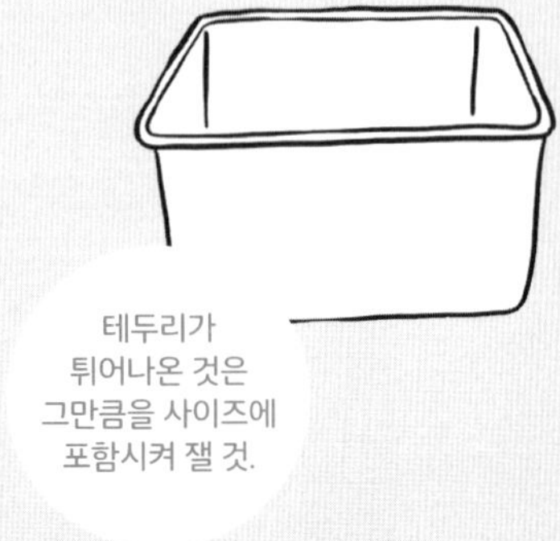

요. 종이 제품은 가볍고 편리하지만 씻을 수 없다는 단점이 있습니다. 또한 검정 등의 진한 색은 먼지가 쉽게 눈에 띄기 때문에 부지런히 관리해야 합니다.

주의해야 할 것은 사이즈. 정확하게 치수를 쟀건만 케이스에 뜻밖의 돌출 부위가 있으면 '들어가지 않는!' 비극이 일어납니다. 수납 케이스와 공간의 튀어나온 부분을 확인하고 그것을 고려해 치수 재는 것을 잊지 마세요.

단, 여유가 있는 것은 문제가 되지 않습니다. 오히려 수납은 어느 정도의 여백이 있어야 수월해지는 경우가 많으므로 딱 맞는 사이즈를 고집하지 말고 여유 있게 사이즈를 구비하기 바랍니다.

다시 말하지만, 수납은 시행과 착오입니다. 해 보고 쓰기 어렵거나, 기분 전환을 하고 싶거나, 라이프 스타일이 바뀌거나 하는 타이밍에 다시 자신에게 편한 수납을 검토하면 됩니다.

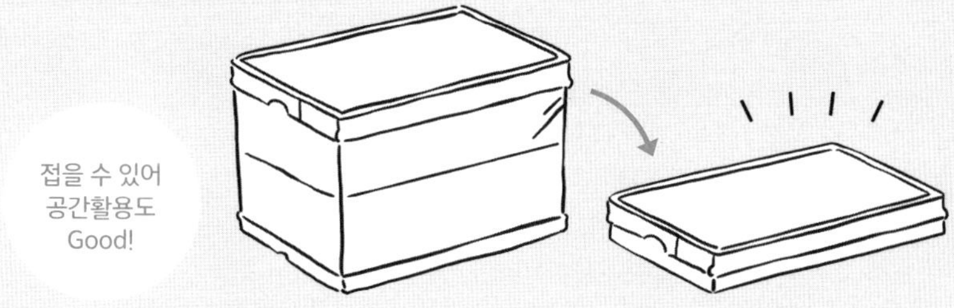

끝으로

당신의 미래를 위해 집을 꾸며보세요

멋진 집에 대한 이미지는 사람마다 다 다릅니다.

좋아하는 것도 다르고, 이상적으로 여기는 삶도 다르니까요. 라이프 스테이지도 다르고 집의 분위기도, 평면도, 방향도, 가족 구성도 다 제각각이지요.

그래서 잡지나 SNS, 모델하우스 등에서 보여주는 멋진 공간은 대부분 내 집에 그대로 적용할 수 없습니다. 각자 다르므로 참고 정도만 하고 자신이 추구하는 멋을 즐기면 되는 것 아닐까요?

이 책에서 소개한 법칙도 '반드시 따라 해야 하는' 것은 아닙니다. 그대로 받아들이거나, 조금 변형시켜 독창적으로 만들거나, 시도하다가 새로운 발견을 하면 다른 방법을 도입할 수도 있겠지요.

당신의 새 공간을 꾸미는 첫 단계로, 또는 앞으로의 삶에 대해 생각하는 계기가 되길 바랍니다.

생활 속의 '멋진 공간'이란 단순히 정지화면의 아름다운 공간을 만드는 것이 아니라고 생각합니다. 아름다움을 우선하느라 가족이 불편해지거나 불쾌감을 느낄 수 있고, 당신도 아름다움을 유지하는 데 너무 애쓰다보면 지쳐 버릴 수 있기 때문이지요.

자신과 가족에게 스트레스를 주면서까지 만드는 집은 누구를 위한, 무엇을 위한 것인지 알 수 없어요. '집'은 본래 자기와 가족이 편안하고 즐겁게 매일의 피로를 풀고 심신의 건강을 유지할 수 있어야 그 기능을 다한다고 할 수 있습니다.

스트레스가 많은 시대이니만큼 표면적인 멋에만 너무 집착하지 말고 생활과 밀착된 '내면'까지 멋진 집을 만들기 바랍니다.

오랜 세월에 걸쳐 나름대로 '멋있는 집으로 만들고 싶다, 편한 집으로 만들고 싶다'는 생각으로 작은 연구를 거듭해왔습니다. 앞으로도 계속 아이디어를 쌓아 나가는 것이 목표랍니다.

지금의 제가 있는 것은 그 옛날, 친구에게 자극받아 생활 방식을 바꿨기 때문이라고 생각합니다. 그리고 계속 작은 것들을 쌓아왔기 때문 아닐까요?

'삶이 변하면 미래가 변한다.'

1년 후, 2년 후, 5년 후, 10년 후 …… 혹은 좀 더 먼 미래를 위해 당신이 정말 소중히 하고 싶은 멋진 집으로 만들어 가기를 바랍니다.

다키모토 마나미

현실 인테리어 10가지 법칙

1쇄 펴낸날 2022년 7월 5일

지은이 다키모토 마나미
옮긴이 박승희
펴낸이 정원정, 김자영
편집 홍현숙
디자인 이유진

펴낸곳 즐거운상상
주소 서울시 중구 충무로 13 엘크루메트로시티 1811호
전화 02-706-9452
팩스 02-706-9458
전자우편 happydreampub@naver.com
인스타그램 @happywitches
출판등록 2001년 5월 7일
인쇄 천일문화사

ISBN 979-11-5536-183-2 (13590)